감성
쌀
브레드

베이킹 더날케이크

수작 걸다

쌀가루가 가진
고유한 식감과 매력을 더 많은 이들과
따뜻하게 나누고자 합니다.

쌀가루로
빵을 굽습니다

매일 아침 8시, 오븐이 돌아가고 저희 자매의 일상도 시작됩니다. 쌀가루만으로 제과·제빵을 연구한 지도 어느덧 10년 남짓. 첫 책 〈감성쌀케이크〉와 두 번째 책 〈감성쌀구움과자〉를 펴낸지 벌써 6년이 넘어섭니다. 그리고 이제 세 번째 책 〈감성쌀브레드〉 이야기를 시작하려 합니다.

이 책을 내기까지는 많은 용기와 시간이 필요했습니다. 쌀제과에 비해 쌀제빵은 아직도 많은 분들에게 낯설고 익숙하지 않은 영역이기에 많은 고민이 뒤따랐습니다. 실제로 많은 분들이 묻습니다. "쌀가루로 구운 빵은 모두 글루텐 프리 아닌가요?" 그동안 쌀 디저트가 대부분 글루텐 프리로 알려져 있어 충분히 이해되는 질문입니다. 하지만 현실은 조금 다릅니다. 쌀제빵에서는 쌀가루만으로는 반죽의 구조 형성과 기포 유지력이 부족하기 때문에, 글루텐을 혼합한 강력쌀가루를 사용하는 경우가 많습니다. 이로 인해 시중에는 활성글루텐 함량이 15~17%에 달하는 제품도 쉽게 볼 수 있죠. 하지만 성분을 정확히 확인하지 않은 채 '쌀로 만들었으니 당연히 글루텐 프리 빵이겠지'라고 생각하는 경우도 적지 않습니다.

저희 역시 책을 집필하며 고민이 깊어졌습니다. 식감이 다소 떡에 가깝고 부피도 작은 쌀가루 100%의 글루텐 프리 레시피를 고수할 것인가, 아니면 쌀가루의 정체성은 지키면서 보다 안정적인 볼륨과 식감을 위해 활성글루텐을 일부 혼합한 레시피를 제안할 것인가.

〈감성쌀브레드〉는 그 균형점을 찾기 위한 여정의 결과물입니다. 쌀가루 고유의 식감을 온전히 전달하고 싶은 마음과 일상 속에서도 실패 없이 만족스러운 결과물을 만들어낼 수 있는 실용성, 이 두 가지 목표를 함께 담고자 했습니다. 그리하여 천연 보조 재료를 더한 쌀가루 100%로 구현한 글루텐 프리 레시피와 쌀가루에 활성글루텐을 블렌딩한 구조 보완형 응용 레시피를 함께 담았습니다.

글루텐 프리 레시피

: 글루텐 민감자 또는 홈베이커를 위한 쫀득하고 담백한 레시피.

: 타피오카 전분, 차전자피 등과 배합해 형태를 유지하고 새로운 식감 구현.

글루텐 블렌딩 레시피

: 쌀빵에 구조 안정성과 기포 유지력을 확보한 레시피.

: 활성글루텐을 일부 블렌딩해 구조를 보완하고 부드럽고 가벼운 식감 구현.

쌀가루는 단순히 밀가루의 대체재가 아닙니다. 그 자체로 고유한 특성과 가능성을 지닌, 독립적인 제빵 재료입니다. 〈감성쌀브레드〉는 그 다름을 정확히 이해하고, 쌀가루가 가진 매력을 더 많은 이들과 따뜻하게 나누고자 합니다. 쌀가루 제빵의 구조적 한계를 넘어 이 재료가 가진 고유한 식감과 매력을 함께 나누어 보는 시간이 되기를 바랍니다.

GLUTEN blending

강력쌀가루를 활용한 제빵법

CHAPTER 3
응용편

BREAKFAST recipe

rice

쌀가루로 빵을 만드는 키워드 10

쌀가루는 밀가루와 동일한 방식으로 빵을 굽기 어렵습니다. 쌀가루와 밀가루의 단백질 구성 및 전분 구조가 다르기 때문이죠. 쌀제빵에서는 수분·온도·발효·보조 재료의 선택이 결과에 직접적인 영향을 미쳐 그 특성에 맞춘 접근이 필요합니다. 이 장에서는 글루텐 프리 제빵과 글루텐 블렌딩 제빵을 중심으로 쌀제빵의 핵심 원리를 소개합니다.

쌀가루에는
글루텐이 없다

제빵에서 구조의 핵심은 글루텐입니다. 글루텐은 글리아딘과 글루테닌이라는 두 단백질이 물과 섞이고 치대지는 과정에서 형성되는 탄성 있는 그물망입니다. 쌀가루에는 이 단백질들이 거의 없기에 글루텐 구조 형성이 어렵고, 반죽의 탄성과 신장성이 충분히 형성되지 않습니다.

반면 쌀가루에는 밀가루에 없는 쌀 고유의 단백질인 '오리제닌(oryzenin)'이 함유되어 있습니다. 쌀 단백질의 대부분을 차지하는 오리제닌은 글루텔린 계열의 단백질로, 글루텐 같은 탄성 구조를 형성하지는 못합니다. 그 외 쌀에 함유된 알부민, 글로불린, 프로라민 등의 단백질 역시 글루텐을 형성하지 않아 빵의 탄력이나 조직감을 지탱하는 데는 한계가 있습니다.

또한 쌀가루는 전분 입자구조와 수분 흡수방식이 밀가루와 달라 반죽의 점성 형성과정에서도 차이가 나타납니다. 전분 입자는 호화되면 점성이 증가하지만 글루텐망이 없어 수분이 많아지면 오히려 반죽의 안정성이 약해지고 흐르기 쉬운 상태가 됩니다. 따라서 쌀반죽은 점성이 형성되더라도 모양을 지탱하는 힘이 약해 수분 조절에 세심한 주의가 필요합니다.

결국 쌀제빵은 '글루텐 없이 이 구조를 어떻게 보완할 것인가?'라는 질문에서 출발합니다. 이 차이를 이해하면 쌀가루만의 식감과 장점을 살리면서 밀가루와는 또 다른 방식의 빵을 완성할 수 있습니다.

보조 재료가 반드시 필요한 쌀가루

박력쌀가루

국내산 쌀을 곱게 분쇄한 100% 건식쌀가루로 고운 입자가 특징입니다. 글루텐 프리 제빵에서 기본 쌀가루로 사용합니다. 단, 글루텐이 없어 반죽의 구조 형성이 어렵기 때문에 타피오카 전분·차전자피 분말을 함께 넣어 사용합니다.

습식쌀가루(떡용 멥쌀가루)

쌀을 물에 충분히 불려 제분하는 전통적 습식 제분방식으로 만들어집니다. 입자가 비교적 크고 촉촉하며, 열을 받으면 호화가 빠르게 일어나 겉은 바삭하고 속은 쫀득한 떡과 빵의 중간 식감이 됩니다.

가루미 현미가루

일반 쌀보다 제분이 잘 되도록 개발된 분질미 품종을 현미 상태로 제분한 쌀가루입니다. 일반 현미가루보다 분쇄성이 좋아 비교적 입자가 고르고 반죽의 거친 식감도 적습니다. 백미가루와 블렌딩하면 현미의 풍미를 살리면서 반죽의 조직과 무게감을 안정적으로 유지할 수 있습니다.

보조 재료가 이미 블렌딩된 쌀가루

강력쌀가루

박력쌀가루에 활성글루텐을 배합해 만든 제빵 전용 쌀가루입니다. 첨가된 글루텐의 영향으로 반죽의 질감이 일정하게 유지되고 안정적으로 부피가 형성되어 초보자도 사용하기 쉽습니다. 수분 유지력이 좋아 빵을 구운 후 2~3일간 촉촉함이 지속됩니다. 수분이 과도하면 반죽의 점성이 약해져 쉽게 퍼질 수 있으므로, 믹싱 시간과 수분 양 조절이 반드시 필요합니다.

DIY 강력쌀가루 프리믹스

본 책에서는 시판 강력쌀가루뿐만 아니라 사용자가 직접 활성글루텐을 배합해 자신만의 프리믹스를 만드는 방식도 제안합니다. 글루텐 함량은 전체 가루 대비 15~17%가 적당하며, 비율에 따라 반죽의 점도와 부풀기, 보존성이 크게 달라집니다. 사용하는 쌀가루 특성에 맞춘 테스트로 최적의 비율을 찾아보세요.

그래서
글루텐 대체재가
필요하다

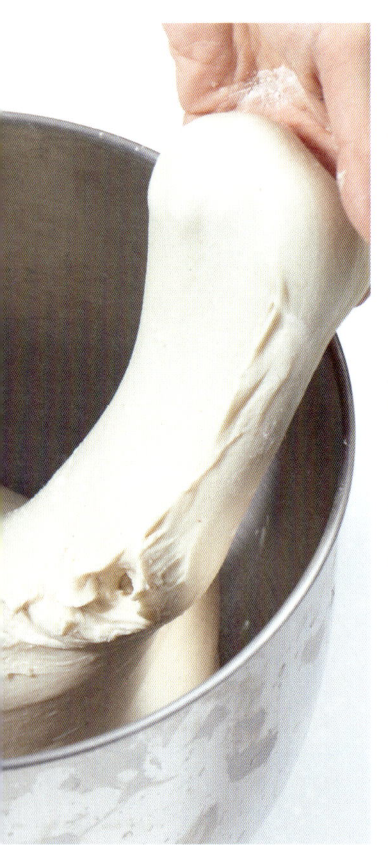

쌀반죽은 잡아당기면 늘어나기보다 쉽게 끊어집니다. 반죽 자체에 형태를 지탱하는 힘이 약해 발효가 잘 되더라도 내부의 기포가 쉽게 빠져 나가기 때문입니다. 결국 크게 부풀기 힘들고 굽는 과정에서 내부 조직이 무너지기 쉽습니다. 또한 쌀 전분은 탄성이 없고 수분이 많아질수록 흐르기 쉬운 성질이 있어 기포를 붙잡아둘 힘, 반죽을 세워둘 힘, 굽는 동안 형태를 유지할 힘이 모두 부족합니다. 따라서 쌀가루만으로는 빵의 구조를 만들기 어렵고, 이를 대신해 줄 구조재, 즉 글루텐 기능을 대신할 보완재가 반드시 필요합니다. 이는 쌀반죽이 가진 구조적 한계를 보완하는 기본 방법입니다.

이런 이유로 **쌀제빵에서는 본 책에서 소개한 방식처럼 타피오카 전분, 차전자피 분말 등의 보조 재료를 사용하거나 활성글루텐 일부를 블렌딩해 반죽의 구조를 보완하기도 합니다.** 만드는 빵의 종류와 목표하는 식감에 따라 보조 재료의 비율과 조합도 달라집니다.

쌀제빵의 핵심은 쌀가루에 어떤 보완재를 어떤 비율로 넣어 구조를 설계할 것인가에 달려 있습니다. 이를 이해하면 쌀빵이 무너지지 않고, 원하는 식감과 형태를 안정적으로 구현할 수 있습니다.

쌀가루와 함께 사용하는 보조 재료

🌿 차전자피 분말 → 반죽의 결합력과 성형력 ↑

사용량	가루류 전체 대비 1~5% 이내
사용법	다른 가루류와 충분히 혼합하여 사용
추천 품목	글루텐 프리 식빵류와 바게트류, 쌀반죽의 기공·형태 안정성이 필요한 제품

차전자피 분말은 물과 만나면 젤을 형성해 반죽의 결합력과 성형력을 높여줍니다. 반죽이 쉽게 퍼지지 않도록 모양을 잡아주는 역할을 하죠. 글루텐이 없는 쌀반죽의 부족한 구조 지지력을 보완해주어 쌀식빵이나 쌀바게트처럼 형태가 중요한 제품에 매우 효과적입니다. 다만 글루텐처럼 탄성있게 늘어나는 구조는 형성되지 않아, 기공이 확장되기보다는 조밀하고 안정된 구조를 형성하는데 더 적합합니다.

🌿 타피오카 전분 → 기공 안정성과 쫀득한 식감 ↑

사용량	가루류 전체 대비 10~20% 이내
사용법	다른 가루류와 충분히 혼합하여 사용
추천 품목	글루텐 프리 식빵류와 포카치아, 촉촉하고 쫀득한 질감이 필요한 제품

쌀가루 반죽에 탄력감과 유연한 식감을 더해주는 보조 전분으로, 쫀득한 식감과 기공 안정성에 영향을 줍니다. 타피오카에 열을 가하면 투명한 젤을 형성되는데, 이 젤 구조가 반죽을 촉촉하고 쫀득한 질감으로 만들어 점성과 조직감이 부족한 글루텐 프리 반죽의 약점을 보완해줍니다. 적절하게 배합하면 팽창성과 기공 형성에도 도움을 주죠. 다만 타피오카는 가열 후 점성이 증가하므로 레시피에서 수분량 조절이 꼭 필요합니다.

🌿 활성글루텐 → 반죽의 신장성과 가스 보유력 ↑

사용량	가루류 전체 대비 15~17% 이내
사용법	다른 가루류와 충분히 혼합하여 사용
추천 품목	구조 안정성과 쫄깃한 식감이 필요한 쌀빵류

밀에서 추출한 글리아딘과 글루테닌을 정제·건조해 만든 점탄성 단백질입니다. 쌀가루 반죽에 넣으면 신장성·탄력성·기포 유지력이 높아져, 쌀반죽 특유의 퍼지는 성질을 보완해 안정적 형태를 만들어주죠. 베이킹 후에도 빵의 결이 쫄깃하고 촘촘하게 유지되므로, 볼륨감과 구조가 필요한 모든 쌀빵류에 적합합니다. 쌀가루에 넣을 때는 균일하게 섞어야 제기능을 발휘할 수 있습니다.

쌀반죽은
수분율이 더욱 중요하다

쌀가루는 전분 구조, 제분 방식, 입자 크기, 전분 손상률에 따라 물을 흡수하고 결합하는 방식이 밀가루와는 크게 다릅니다. 밀반죽은 글루텐에 물이 흡수되면서 점탄성 있는 네트워크를 형성해 기포를 잡고 형태를 유지할 수 있지만, 쌀반죽은 이러한 글루텐 구조가 없어 수분과 기포를 안정적으로 유지하기 어렵죠. 결국 쌀반죽에서는 수분율이 반죽의 전체 구조를 결정하는 핵심 요소가 됩니다.

쌀가루의 제분 특성 또한 수분 반응에 큰 영향을 미칩니다. 전분 손상률이 높은 미세 제분 쌀가루는 물이 더 빨리, 더 많이 흡수되기 때문에 반죽의 점성과 상태 변화가 더 빠르게 나타납니다. 이러한 이유로 글루텐 프리 제빵에서는 밀반죽보다 더 높은 수분율을 사용하는 경우가 많습니다. 특히 식빵이나 포카치아처럼 기공이 살아 있고 부드러운 식감을 원하는 제품은 고수분 반죽이 필수일 때가 있습니다.

결론적으로 **쌀제빵에서의 수분 조절은 전분 손상률, 입자 크기, 반죽 구조 안정성, 보조 재료(타피오카/차전자피 등)의 조합을 함께 고려해야 하는 기술적인 설계 과정입니다.** 이 원리를 이해하지 못하면 수분 부족으로 인한 단단한 질감, 또는 수분 과다로 인한 반죽 흐름, 구조 붕괴 등의 품질 저하로 이어질 수 있습니다.

쌀반죽의 수분율을 결정하는 요소

🌿 액상 알룰로스

알룰로스는 설탕보다 단맛이 약하지만 수분 유지력과 저장성 향상에 도움이 되는 감미료입니다. 구조 지지력이 약해 건조해지기 쉬운 특성의 쌀반죽에서는 반죽과 구움 조직의 수분 보유를 도와 안정적인 식감과 색을 얻는 기능성 재료로 활용되죠. 갈변 반응이 설탕보다 빠르게 진행될 수 있어, 기존 굽기 온도보다 5~10℃ 낮춰 굽는 것이 좋습니다.

🌿 버터

버터는 쌀가루의 건조한 특성을 보완해 반죽과 완성된 빵의 촉촉함을 높이고 풍미를 높여주는 재료입니다. 쌀가루는 보습력이 낮아 건조해지기 쉬운데, 버터의 지방막이 전분과 수분을 감싸 수분 증발을 늦추고 부드러운 조직 형성에 도움을 줍니다. 과량 사용 시 기포 형성을 방해하여 부피가 작아질 수 있으니, 적정 비율을 지키는 것이 필요합니다. 가루 대비 5~15% 범위에서 사용합니다.

🌿 오일류

반죽에 오일류를 넣으면 버터보다 더 빠르게 스며들어 반죽의 점성을 낮추고 부드러움을 증가시켜 굽는 동안 내부의 촉촉함이 유지됩니다. 제품에 따라 굽기 후 바삭함도 더해질 수 있습니다. 보통 제빵에서는 가루 대비 3~8%, 포카치아와 같은 제품은 5~15%까지 사용합니다. 해바라기유처럼 향이 적은 오일은 쌀가루의 고소함을 그대로 살리는 제품에, 올리브오일처럼 풍미가 강한 오일은 포카치아나 하드롤 같은 제품에 적합합니다.

🌿 우유

반죽에 물 대신 우유를 사용하면 빵이 촉촉하게 유지되며 풍미가 풍부해집니다. 우유 속 단백질은 전분 사이에서 안정적인 구조 형성에 도움을 주고, 유당은 마이야르 반응을 촉진해 은은한 색을 만들어줍니다. 우유는 전체 수분량의 50~100%까지 대체 가능하며, 두유나 귀리우유 등을 사용해도 됩니다. 각 음료의 지방과 단백질 함량 차이에 따라 식감과 풍미는 다소 달라질 수 있습니다.

최종 반죽 온도가
발효의 시작점이다

최종 반죽 온도는 발효가 시작되는 기준점입니다. 이 온도에 따라 이스트의 발효 속도가 달라지고, 이는 빵의 최종 높이와 내부 구조에 차이를 줍니다. 일반적으로 24~28℃ 범위가 비교적 안정적인 출발 온도로 알려져 있으며, 이 온도는 발효 속도뿐 아니라 반죽의 상태에도 직접적인 영향을 미칩니다. **반죽 온도가 지나치게 높으면 반죽이 더 부드러워지고 점성이 낮아져 성형 과정에서 퍼지기 쉬워집니다. 반대로 온도가 낮으면 수분 흡수와 글루텐 발현이 더디게 진행되어 반죽이 단단하게 느껴지고 발효 반응 또한 늦어집니다.**

이러한 특성은 특히 글루텐 구조가 형성되지 않은 글루텐 프리 반죽에서 더 분명하게 나타납니다. 상대적으로 형태를 유지하는 힘이 약하다보니 반죽의 온도가 높아지면 쉽게 퍼지고 발효 속도까지 빨라져 반죽의 완성 시점을 놓치기 쉽습니다. 활성글루텐을 혼합해 일부 구조 지지력이 보완된 블렌딩 반죽 역시 온도 관리의 중요성은 동일합니다.

결국 반죽 온도는 단순한 발효 수치가 아니라 작업성과 구조 안정성을 함께 좌우하는 기준입니다. 물 온도와 작업 환경을 조절해 24~28℃ 내외로 관리하는 것이 균일한 결과를 얻기 위한 기본 조건입니다.

반죽 온도 조절의 기준

가루의 온도는 계절과 보관 환경에 따라 달라지므로 물의 온도를 함께 조절해 최종 반죽 온도를 맞추는 것이 중요합니다. 특히 글루텐 블렌딩 반죽은 믹싱 과정 중 발생하는 열이 반죽 온도에도 영향을 미쳐, 사용하는 반죽기의 크기나 힘에 따라서도 차이가 나타납니다. 아래 온도 가이드는 이러한 변수를 고려해 최종 반죽 온도를 맞추기 위한 참고 기준으로, 반죽기의 성능에 따라 유연하게 조절해야 합니다.

❀ 글루텐 프리 재료 온도 가이드

글루텐 프리 반죽은 글루텐이 형성되지 않아 재료를 고르게 섞는 것만으로도 반죽이 완성됩니다. 이때 물은 따뜻하게 준비해야 최종 반죽 온도에 도달하기가 쉬워집니다.

항목	가루 온도	물 온도	최종 반죽 온도
권장 온도	16~18℃	약 35℃	
	23~25℃	약 30℃	약 24~28℃
	28~32℃	약 25℃	

❀ 글루텐 블렌딩 반죽 재료 온도 가이드

글루텐 블렌딩 반죽은 믹싱 시간이 길어져 반죽 온도가 올라가기 쉽습니다. 따라서 물은 차갑게 준비해 온도를 조절합니다.

항목	가루 온도	물 온도	최종 반죽 온도
권장 온도	16~18℃	약 7~10℃	
	23~25℃	약 3~5℃	약 24~28℃
	28~32℃	약 3~5℃	

(냉장 보관 후 사용 권장)

안정적 발효를 위해
균일한 이스트 활성이 필요하다

이스트는 온도 변화에 따라 활동 속도가 달라지는 미생물입니다. 특히 제빵에서는 반죽 자체의 온도뿐 아니라 발효가 이루어지는 외부 온도(실내·발효기 온도)도 발효 결과에 큰 영향을 미칩니다. 글루텐 구조가 약한 쌀반죽은 외부 온도가 달라지면 발효 속도의 변화가 반죽 상태에 빠르게 반영되는 특징이 있습니다. 특히 글루텐 프리 반죽은 글루텐망이 전혀 없기에 발효 속도가 조금만 빨라져도 형태가 무너지기 쉬워 온도 관리가 더욱 중요합니다. 따라서 쌀빵은 밀빵보다 구조가 약해 발효 상태의 균일성이 매우 중요합니다. 이를 위해 **본 책에서는 냉동 보관에 적합하고 활성이 비교적 안정적인 세미 드라이이스트를 기본 발효제로 사용했습니다.** 장기 보관에도 활성이 유지되어 발효 속도의 편차를 줄이고 안정적인 발효 결과를 기대할 수 있습니다.

외부 발효 온도에 따른 변화

20℃ 이하	발효가 느리게 진행되고 기준 시간 동안 충분한 기포 생성이 어려움.
26~28℃	기포 생성과 팽창이 균형을 이루어 쌀반죽이 안정적인 상태를 유지. 과발효나 붕괴 위험의 최소화.
30℃ 전후	발효 속도가 빠르게 증가해 반죽 상태를 더 자주 확인해야 함. 기포의 생성 속도가 빨라지면 그 변화를 따라가지 못해 윗면이 꺼지거나 반죽이 퍼지기 쉬움.
35℃ 이상	기포가 커졌다 터지기 쉬워 구조가 약한 쌀반죽의 경우 붕괴 위험이 크게 증가.
45~50℃	이스트 활동이 급격히 저하됨.
60℃ 이상	이스트가 사멸하여 발효가 더 이상 진행되지 않음.

쌀제빵 이스트의 선택

🌼 세미 드라이이스트

쌀반죽은 구조가 약해 발효 상태의 균일성이 특히 중요합니다. 홈베이커의 보관 환경에서는 인스턴트 드라이이스트나 생이스트의 보관이 까다로워 활성이 떨어지기 쉽습니다. 본 책에서는 이러한 불안정을 줄이기 위해 냉동 보관 시 발효력이 안정적으로 유지되는 세미 드라이이스트를 기본 발효제로 사용합니다. 세미 드라이이스트는 저당 반죽용(레드)과 고당 반죽용(골드)으로 나뉘는데, 설탕량이 가루 대비 5% 미만이면 저당 반죽용 이스트를, 가루 대비 5% 이상이면 고당 반죽용 이스트를 선택합니다.

보유하고 있는 이스트가 생이스트라면 약 2~2.5배수로, 인스턴트 드라이이스트라면 약 0.8~1배수로 계산해 사용하면 됩니다. 이때는 발효 시간과 온도를 조절합니다.

이스트 활성에 영향을 미치는 재료

🌼 소금

반죽의 밋밋한 맛을 조절하여 전체 풍미의 균형을 잡아주는 기본 조미제입니다. 또한 이스트의 발효 속도를 적당히 늦추어 과발효를 예방하고, 발효 과정이 일정하게 유지되게 돕죠. 글루텐 프리 반죽에서는 소금이 가지는 맛 균형·조미 기능이 더욱 뚜렷하게 나타나며, 쌀가루 특유의 단맛을 정돈해 반죽의 풍미를 안정시켜줍니다. 글루텐이 포함된 반죽에서는 소금이 글루텐망을 조여 반죽의 점탄성과 구조 안정성을 높여줍니다. 구운 소금이나 천일염을 사용합니다.

🌼 설탕

설탕은 단맛을 더할 뿐만 아니라 반죽 내부의 수분 보존, 굽는 과정에서 일어나는 갈변 반응, 그리고 향미 형성에 중요한 역할을 합니다. 이스트의 발효를 돕는 역할을 해 발효 완성도에 직접적인 영향을 미치죠. 설탕의 종류와 양에 따라 반죽의 질감·촉촉함·보존성 등도 달라집니다. 백설탕은 깔끔하고 가벼운 단맛, 유기농 비정제 원당은 당밀의 풍미가 살아 있는 깊은 맛을 부여합니다.

쌀제빵에서는
1차 발효 생략이 가능하다

쌀제빵 과정의 특징이 있다면 1차 발효 과정의 생략을 꼽을 수 있습니다. 쌀반죽은 1차 발효를 길게 갖더라도 밀반죽에서 기대되는 조직 강화나 탄력 증가 같은 효과가 크게 나타나지 않습니다. 밀가루 반죽의 경우 1차 발효 동안 글루텐망이 안정화되고 기포가 고르게 분산되면서 내부 구조가 점점 단단해지는 반면, 쌀반죽은 반죽을 지탱하는 근본 구조가 다르기 때문에 이러한 변화가 뚜렷하게 드러나지 않습니다. 오히려 쌀 전분 특성상 가스를 붙잡아 둘 힘이 약해 시간이 지나면서 기포가 빠지거나 반죽이 퍼지는 등 발효가 길어질수록 반죽의 안정성이 흔들리는 경우가 더 많습니다.

특히 글루텐 프리 반죽은 글루텐망이 전혀 형성되지 않아 기포 유지력이 매우 낮고, 발효 시간이 조금만 지나도 표면이 가라앉거나 전체가 퍼지는 현상이 자주 발생합니다. 글루텐을 일부 포함한 블렌딩 반죽 역시 밀반죽처럼 오랜 발효를 통해 구조가 점차 강화되는 수준까지는 도달하기 어렵습니다. 활성글루텐이 어느 정도의 신장성과 지지력을 제공하더라도, 쌀 전분 특유의 기포 보유력 부족과 점성 변화가 여전히 한계로 작용하기 때문입니다.

쌀제빵에서는 반죽 후 바로 성형하여 최종 발효로 넘어가는 단축 공정이 품질을 안정적으로 유지하는 방식입니다. 이 공정은 반죽이 과발효로 무너지거나 기포가 과도하게 확장되어 터지는 문제를 줄여주고, 쌀빵 특유의 촉촉하고 부드러운 식감을 유지하는 데에도 효과적입니다. 다만 모든 제품에서 1차 발효를 완전히 배제해야 한다는 의미는 아닙니다. 일부 제품에서는 기공 형성과 구조 안정을 위해 1차 발효를 선택적으로 적용할 수 있습니다. 이때도 발효 시간을 길게 가져가기보다는 반죽의 구조가 무너지지 않는 범위에서 '최소한의 발효'만 부여하는 것이 일반적입니다.

쌀제빵에서 1차 발효를 생략하거나 최소화하는 방식은 고정된 규칙이 아니라 쌀반죽의 구조적 특성과 원하는 완성 형태에 따라 공정을 조절하는 기술적 선택이라고 할 수 있습니다. 밀반죽과 동일한 논리로 작업하기보다는 쌀 전분의 가스 보유력·점성·열 민감성을 이해한 뒤 그에 맞게 발효 단계를 다르게 설계하는 것이 쌀제빵의 중요 공정입니다.

발효 시 중간 단계의
습도 유지가 중요하다

쌀반죽은 표면을 지지해 줄 글루텐막이 매우 약해 밀반죽에 비해 습도 변화에 민감하게 반응합니다. 습도가 낮은 환경에서는 반죽 표면이 빠르게 마르며 단단한 막이 형성되는데, 이 상태로 발효가 진행되면 내부 기공이 거칠어지고 굽는 과정에서 갈라짐이 과도하게 생기기 쉽습니다. 반대로 습도가 지나치게 높을 경우에도 표면에 물기가 과하게 머무르면서 반죽 전체가 물러지고, 발효 중 기포를 붙잡아 두지 못해 옆으로 퍼지거나 가장자리가 무너지는 현상이 쉽게 나타납니다. 특히 글루텐 프리 반죽은 과습 상태에서 형태 붕괴가 훨씬 빠르고 뚜렷하게 나타나는 경향이 있습니다.

결국 **쌀반죽의 발효는 표면이 마르지 않으면서도 과습으로 인해 반죽이 흐르지 않도록 중간 단계의 습도 유지가 핵심입니다.** 습도를 정밀하게 조절할 수 있는 디지털 발효실에서는 70~80%가 안정적으로 반죽을 보호하는 범위이며, 물통형이나 간이 발효 환경처럼 습도 편차가 큰 경우에는 과도한 가습을 피하고, 표면이 마르지 않는 범위에서 최소한의 수분만 유지하는 것이 안전합니다. 발효 지속력이 짧은 쌀가루 반죽에서는 온도와 함께 습도 유지가 반드시 정밀하게 관리해야 하는 변수라고 할 수 있습니다.

쌀제빵 시 발효기 사용 노하우

🌿 가정용 발효기

쌀제빵 시 반죽 온도는 26~30℃, 적정 습도는 60~80% 범위가 안정적입니다. 가정에서는 전문 발효기가 없더라도 온도와 습도를 안정적으로 유지하면 됩니다. 소형 가정용 발효기는 내부를 30℃ 전후로 유지할 수 있고, 물받침을 함께 넣어 간단하게 보습 조절이 가능해 초보자에게도 유용합니다.

🌿 업소용 발효기

업소용 발효기는 보다 정밀한 온도와 습도 설정이 가능해 대량 반죽을 일정하게 발효시키는 데 적합합니다. 발효 편차를 최소화해 일정한 품질을 요구되는 전문 작업에서도 안정적인 결과를 얻을 수 있습니다.

🌿 간이 발효기

가정에서는 오븐 또는 전자레인지 내부를 활용해 발효 환경을 구성할 수도 있습니다. 따뜻한 물을 담은 컵을 오븐 안에 함께 두어 공간 전체의 온도와 습도를 높여주는 방식이 대표적이며, 이때는 문을 닫아 미세한 온도 변화를 줄이는 것이 좋습니다. 온도계를 활용해 내부가 30℃를 넘지 않도록 확인합니다.

벤치타임은
반죽 성질에 맞게 조절한다

벤치타임은 반죽을 성형에 적합한 상태로 만드는 단계입니다. 밀제빵에서 벤치타임은 보통 10~20분 내외로 적용되며, 글루텐이 이완·재정렬되면서 성형성이 좋아지는 과정입니다. 쌀반죽 역시 일정한 휴지는 필요하지만 모든 제품에 동일하게 적용하기보다는 반죽 상태에 맞게 조절하는 것이 중요합니다.

특히 수분율이 높고 늘어지는 성질의 단과자·연질 도우는 벤치타임이 길어질수록 반죽의 힘이 약해지고 점착성이 증가해 성형이 어려워질 수 있습니다. 이때 기포 정리가 충분히 이루어지지 않으면 내상 또한 거칠어질 가능성도 있습니다. 반면 이스트 사용량이 적고 비교적 단단한 하드계열 반죽은 벤치타임을 통해 내부 긴장이 완화되면서 오히려 성형성과 내상 형성에 도움이 되기도 합니다.

따라서 **쌀제빵에서의 벤치타임은 반죽의 수분율과 탄성, 제품 유형에 따라 조절하는 공정입니다.** 특히 연질·고수분 도우는 벤치타임을 과도하게 길게 가져가지 않도록 주의하는 것이 중요합니다.

충분한
오븐 예열은 결정적 공정이다

쌀가루의 전분은 60~75°C에서 호화가 시작되며, 이 순간 전분 입자가 빠르게 팽윤하면서 반죽의 구조가 고정되기 시작합니다. 이때 반죽이 팽창할 수 있는 시간, 즉 오븐스프링이 형성되는 구간이 비교적 짧게 나타납니다. 따라서 쌀제빵에서는 굽기 시작 후 처음 몇 분이 제품의 볼륨과 내상을 결정짓는 핵심 구간이 됩니다.

오븐 예열이 부족하면 초반 온도 상승 속도가 느려져 반죽 표면이 제때 고정되지 못하고, 내부 기포도 자리를 잡기 전에 꺼지거나 찌그러져 부피가 작아집니다. 반대로 충분히 예열된 오븐에서는 반죽 전체가 빠르고 균일하게 가열되어 짧은 오븐스프링 동안 기포가 안정적으로 팽창하고 구조가 고르게 형성됩니다.

쌀제빵에서 예열은 단순한 준비 단계가 아니라 기공·볼륨·모양을 결정하는 핵심 공정입니다. 오븐을 최소 30분 이상 충분히 예열한 뒤 빵을 구워야 쌀 전분 특성으로 인한 구조적 한계를 보완하고 안정적인 결과를 얻을 수 있습니다.

또한 같은 설정 온도라도 오븐의 종류(가정용·업소용)와 열선 위치에 따라 실제 굽기 결과가 달라질 수 있으므로, 사용하는 오븐에 맞게 온도 범위를 조절하는 것도 중요합니다.

쌀제빵에서 오븐별 주의사항

✤ 가정용 오븐(소형)

열 순환이 빨라 예열이 용이하지만 온도 편차가 큰 편입니다. 쌀반죽은 초반 온도 변화에 민감하므로 컨벡션(팬) 기능이 있는 제품이 유리합니다. 한 번에 두 판 이상 구울 경우 열이 급격히 떨어질 수 있으므로 한 판 굽기를 기본으로 하는 것이 좋습니다.

✤ 대형 가정용 오븐

홈베이커·소형 카페에서 많이 사용하는 모델로, 내부 공간이 넓어 열 순환이 일정합니다. 예열력이 강해 글루텐 프리 반죽처럼 구조가 약한 제품도 안정적으로 팽창시킬 수 있습니다. 특히 중량감 있는 식빵·하드롤도 안정된 내상으로 구울 수 있습니다.

✤ 업소용 데크 오븐

상·하단 온도를 별도로 조절할 수 있고, 하단 열이 강하게 작용해 하드 브레드, 두꺼운 반죽류, 식사빵에 적합합니다. 고온 직화에 가까운 구움이 가능해 쌀제빵에서도 선명한 크러스트와 단단한 껍질 형성에 유리합니다. 또한 스팀 기능이 있는 모델은 초기 팽창을 도와 구조가 무너지는 것을 방지할 수 있습니다.

✤ 업소용 컨벡션 오븐

열풍이 빠르게 순환해 굽기 색이 일정하게 나옵니다. 얇은 반죽이나 쿠키·비스킷류에 적합하며, 풍량이 강한 모델은 쌀식빵 윗면이 일찍 마를 수 있어 온도 조절이 중요합니다. 반죽 표면이 마르면 팽창력이 제한되어 내상이 조밀해지거나 표면 갈라짐이 생길 수 있습니다.

굽기 후 빠른 노화에
대처해야 한다

쌀로 만든 빵은 굽고 난 직후부터 노화가 빠르게 진행되는 경향이 있습니다. 아밀로스와 아밀로펙틴으로 구성된 쌀 전분은 식기 시작하는 순간부터 수분을 잃고 빠르게 재결정화됩니다. 이 과정은 밀빵보다 빠르게 나타나며, 실온에서는 일반적으로 2~6시간 내에 크럼의 뻣뻣함이 감지되기 시작합니다. 밀은 글루텐 구조가 전분을 함께 잡아주어 식감 변화가 비교적 천천히 나타나지만, 쌀은 이런 구조가 약해 전분 변화가 더 빠르게 느껴지기 때문입니다.

글루텐 블렌딩 반죽도 마찬가지입니다. 활성글루텐을 첨가하면 기포 유지력과 탄성은 개선되지만, 전분 노화를 근본적으로 늦추는 수준까지는 기대하기 어렵습니다. 글루텐 블렌딩 제품의 경우 글루텐 프리 제품보다 구조 안정성이 조금 더 높아 보통 실온 2~3일 정도는 품질이 유지되는 편입니다. 그럼에도 전분 노화는 지속되기 때문에 **촉촉함을 유지하기 위해서는 쌀탕종·쌀르방 등의 사전반죽법이나 타피오카 전분·오일·당류 등 수분 보유력을 높이는 배합 설계가 필요합니다.** 실제 쌀제빵 개발에서 탕종·중종·오일 설계가 중요한 이유도 바로 이 노화 속도 차이를 완화하기 위해서입니다.

쌀로 만든 빵은 구운 직후 빠르게 식히기→ 완전히 식으면 즉시 밀폐→ 냉동 보관→ 먹기 직전 재가열해 즐깁니다. 전분은 열을 다시 받으면 재결정 구조가 풀리는 특성이 있어, 냉동 후 재가열하면 갓 구운 듯한 촉촉한 식감을 다시 맛볼 수 있습니다.

글루텐 프리 제품 보관 가이드 → 실온 X 냉동 O

보관 방법	당일: 당일 섭취 또는 슬라이스해 냉동 보관 장기: 슬라이스해 냉동 보관 (2주 이내 권장)
보관 특징	수분 손실이 빨라 실온 보관 금지. 슬라이스 후 즉시 냉동 시 신선도 유지
먹는 방법	자연 해동 후 전자레인지에서 20~30초 데우기 팬에 구워 겉바속촉하게

글루텐 블렌딩 제품 보관 가이드 → 실온 O 냉동 O

보관 방법	당일: 실온 밀봉 보관 (최대 3일) 장기: 슬라이스해 냉동 보관 (2주 이내 권장)
보관 특징	냉동 보관 시 오랫동안 식감 유지. 슬라이스해 냉동 보관 시 1조각씩 꺼내 먹기 편리
먹는 방법	실온 보관분은 토스터기나 팬에 살짝 굽기 냉동 보관분은 1시간 자연 해동 후 오븐이나 팬에 구워 바삭한 식감 유지

testing

〈감성쌀브레드〉의 레시피는 다양한 조건의 테스트를 거쳐 완성되었습니다. 글루텐의 유무, 블렌딩 비율, 가루의 종류에 따라 달라지는 빵의 외형과 내상(단면), 식감, 노화도까지…. 쌀가루 제빵의 가능성과 방향성을 데이터로 설명합니다. 쌀제빵 시 궁금증이 생기면 이 테스팅 노트를 펼쳐보세요.

note

쌀가루 100%로도 제빵이 가능할까?

쌀가루만으로는 빵을 굽기 어렵다

테스트 목표 기본 식빵 공정 시 밀가루 vs 쌀가루 결과 비교
테스트 조건 동일한 반죽량과 발효, 굽기 조건

노트 1 글루텐의 부재, 쌀가루와 밀가루 반죽의 차이

밀반죽은 밀가루에 물이 흡수되고 반죽 과정 중 글리아딘과 글루테닌이 서로 결합해 글루텐이 형성됩니다. 이 글루텐 구조는 반죽이 늘어났다 돌아오는 신장성과 탄성을 만들어 주죠. 그 결과 반죽 스스로 형태를 유지할 수 있는 힘이 생겨, 발효 과정에서 생성된 기포를 지탱할 수 있는 상태가 됩니다. 반면 쌀반죽은 같은 조건에서도 전혀 다른 반응을 보입니다. 쌀가루에는 글루텐을 만들 수 있는 단백질 조합이 없어 쌀가루에 물이 흡수되더라도 반죽을 지탱해줄 구조가 형성되지 않습니다. 반죽은 점성을 띠지만 늘어나는 힘이나 되돌아오는 탄성이 매우 제한적이며, 손으로 잡으면 형태를 유지하지 못한 채 옆으로 퍼집니다. 이는 쌀가루만으로는 밀반죽과 같은 방식으로 빵의 형태를 만들기 어려운 이유를 분명하게 보여줍니다.

노트 2 굽기 후 외형/단면/질감 모두 달라

밀반죽은 오븐에 넣자마자 발효 중 생성된 기포에 열이 가해져 팽창하고, 이때 글루텐망이 영향을 받아 부피가 형성됩니다. 이후 굽는 과정에서 전분이 굳고 글루텐 구조가 함께 고정되면서 식빵 특유의 볼륨과 안정적인 형태가 만들어집니다. 완성 단면에서는 균일한 기공과 눌렀을 때 다시 살아나는 탄력과 부드러운 질감이 확인됩니다.

쌀가루 100%로 만든 식빵은 발효 과정에서 생성된 기포를 충분히 붙잡아두지 못해 눈에 띄는 팽창이 이루어지지 않고, 오븐에 넣은 후에도 오븐스프링이 거의 나타나지 않습니다. 완성된 외형 또한 식빵 틀을 충분히 채우지 못한 채, 낮은 높이로 굳고 윗면이 꺼진 상태입니다. 단면에서는 기공이 거의 형성되지 않거나 크기와 분포가 매우 불규칙하게 남아 있습니다. 질감 역시 전분이 굳은 듯한 단단하고 조밀한 느낌이 강하게 나타납니다.

결과　　쌀가루와 밀가루는 제빵 구조 자체가 다름

테스트를 통해 쌀가루 반죽은 밀가루 반죽처럼 기포를 지탱하고 팽창을 받아낼 구조적 기반이 없다는 사실을 확인했습니다. 글루텐의 부재는 반죽 단계부터 성형, 발효, 굽기 전 과정에 영향을 미치며, 그 결과 외형·단면·질감 전반에서 다른 방향으로 나타났습니다. 이는 쌀가루와 밀가루 제빵 시 구조적 원리가 다르다는 점을 보여줍니다.

글루텐 없이는 쌀가루로 빵을 구울 수 없을까?
대체 재료를 사용하면 가능하다

테스트 1 오직 쌀가루 100% 반죽

이번 테스트에서는 동일한 쌀가루를 기준으로, 글루텐 프리 쌀제빵에서 대체 재료의 선택에 따라 반죽의 상태와 결과가 어떻게 달라지는지를 확인했습니다. 첫 테스트는 대체 재료를 넣지 않은 쌀가루 100% 반죽입니다. 쌀가루 100% 반죽은 물을 흡수하며 점성은 형성되었지만 이를 지탱할 구조가 없어 쉽게 퍼졌습니다. 쌀가루가 전분을 중심으로 점성을 만들 뿐 기포를 붙잡거나 외형을 지탱할 연속적인 구조를 형성하지 못하기 때문이죠. 반죽 단계에서는 섞는 작업은 가능했지만 성형이나 발효를 통해 팽창을 받아내기는 어려운 구조입니다.

테스트 2 쌀가루+타피오카 전분

타피오카 전분을 더한 쌀반죽은 쌀가루 100% 반죽에 비해 점성과 유연함이 눈에 띄게 증가했습니다. 타피오카 전분은 가열 시 젤 구조를 형성하는데, 그로 인해 굽기 후 촉촉

테스트 목표 글루텐 대체 재료의 유무 및 종류에 따른 쌀반죽의 특성 비교
테스트 조건 동량의 쌀가루 vs 쌀가루+타피오카 vs 쌀가루+차전자피

하고 쫀쫀한 식감이 확보되었습니다. 이 전분은 반죽의 형태를 강하게 지지하기보다 조직을 부드럽게 보완하는 역할이 커, 수분이 많아질 경우에는 반죽이 흐르기 쉬웠습니다.

> **기능** 점성·유연성·식감 보완
> **사용 시 주의점** 수분 과다 시 반죽 흐름 증가
> **적합한 제품** 글루텐 프리 식빵, 포카치아 등 부드러운 식감이 필요한 제품

테스트 3 쌀가루+차전자피 분말

차전자피 분말이 물과 결합하면서 젤 구조가 형성되어, 반죽이 옆으로 퍼지는 현상이 뚜렷하게 줄어들었습니다. 차전자피는 글루텐처럼 큰 팽창을 만들어내는 재료는 아니지만, 글루텐이 없는 반죽에서 부족한 구조 지지력을 보완해주는 역할을 합니다. 그 결과 반죽은 밀도 있고 안정된 구조를 형성해 굽는 과정에서도 형태가 비교적 잘 유지되었습니다.

> **기능** 형태 안정, 퍼짐 억제
> **사용 시 주의점** 과량 사용 시 조직이 무겁고 치밀해질 수 있음
> **적합한 제품** 글루텐 프리 식빵, 바게트 등 형태 유지가 중요한 제품

결과 **방향성에 따라 대체 재료 선택도 달라져**

테스트 결과 글루텐을 대체할 재료가 있다면 쌀가루로 글루텐 프리 빵을 구울 수 있었습니다. 다만 쌀가루에 어떤 대체 재료를 넣는가에 따라 반죽의 성질과 완성된 빵의 결과는 분명히 달라집니다. 결국 글루텐 프리 쌀제빵에서 대체 재료는 밀빵의 구조를 그대로 재현하기 위한 수단이 아니라 쌀반죽의 성질을 어떤 방향으로 조정할 것인가를 결정하는 선택지라고 할 수 있습니다. 제품의 목적, 목표 식감, 작업 환경에 따라 대체 재료의 선택도 달라지며 이 차이를 이해하는 것이 글루텐 프리 쌀빵을 설계하는 출발점입니다.

안정적인 활성글루텐의 비율은 몇 %일까?

쌀가루의 15% 내외에서 구조 안정성이 높다

글루텐 비율별 발효와 외형 비교

글루텐 비율별 내상과 식감 비교

테스트 목표 활성글루텐 블렌딩 비율별 결과 비교

테스트 조건 동일한 반죽량과 발효, 굽기 조건
- 총 반죽량 270g / 오란다 틀(대) / 굽기 170℃ 17분
- 달걀, 버터, 유제품 등 부재료 없이 식물성 재료만 사용

노트 1 글루텐 비율에 따른 믹싱 반응

❋　　　활성글루텐 6%를 사용한 반죽은 믹싱 시간을 늘려도 반죽 간의 연결성이 거의 형성되지 않았습니다. 글루텐 네트워크가 만들어지지 않아, 반죽에 점성은 생기지만 구조적인 결속은 없었습니다. 활성글루텐을 10% 혼합한 반죽에서는 글루텐 형성이 미세하게 관찰되나 탄력이 제한적인 수준에 머물렀습니다. 반면 15%를 혼합한 반죽은 믹싱 초기부터 반죽이 한 덩어리로 연결되고, 얇게 늘어나는 글루텐 창이 관찰될 만큼 안정적인 구조를 형성했습니다.

노트 2 발효 반응과 외형 차이

❋　　　글루텐 함량이 가장 낮은 6%의 반죽은 표면이 고르지 않고 발효 후 작은 충격에도 쉽게 꺼지는 모습을 보였습니다. 구운 후에도 오븐스프링이 거의 나타나지 않고, 전체 부피가 매우 낮게 형성되었습니다. 활성글루텐 10% 반죽은 표면이 비교적 매끄러워지고 성형이 가능해졌고, 구운 후에도 제한적이지만 오븐스프링이 관찰됩니다. 15% 반죽은 발효 중에도 형태 안정성이 높게 나타났으며, 굽는 과정에서 뚜렷한 오븐스프링과 부피 성장을 보였습니다. 구움색 또한 가장 진하게 형성됩니다.

노트 3 내상과 식감 비교

❋　　　글루텐 6% 반죽은 불균형한 기공과 두꺼운 기공막을 보였습니다. 구운 후 식감은 빵보다 떡에 가까운 밀도입니다. 10% 반죽은 기공 형성이 어느 정도 이루어져 떡과 빵의 중간 식감이 나타났습니다. 활성글루텐 15% 반죽은 기공이 작고 비교적 일정하며, 기공막이 얇고 쫄깃하면서도 부드러운 쌀빵 특유의 식감이 안정적으로 유지됩니다.

결과 글루텐 15% 정도가 가장 적합

테스트를 통해 쌀제빵에서 활성글루텐의 비율이 구조 안정성을 좌우하는 중요한 변수임을 확인했습니다. 쌀가루 100% 기준으로 활성글루텐이 15~17% 비율일 때 안정적인 외형과 식감을 동시에 확보할 수 있는 현실적인 기준으로 판단됩니다. 제품의 콘셉트, 사용 부재료, 목표 식감에 따라 활성글루텐 비율을 10~13% 범위로 조절하는 방식 또한 충분히 활용 가능합니다. 이는 쌀제빵이 가진 조절 가능한 구조적 특성 중 하나입니다.

글루텐 프리 VS 글루텐 블렌딩 결과물의 차이는?
외형·내상·식감 모두 다르게 나타난다

테스트 목표 글루텐 프리 vs 글루텐 블렌딩 식빵의 결과 비교
테스트 조건 동일한 반죽량과 발효, 굽기 조건
　　　　　　　ㅇ 글루텐 프리 쌀반죽 → 쌀가루+타피오카 전분+차전자피 분말
　　　　　　　ㅇ 글루텐 블렌딩 쌀반죽 → 강력쌀가루 또는 활성글루텐 배합된 쌀가루

노트 1 반죽 단계에서의 차이

✤ 　　　글루텐 프리 반죽은 글루텐망이 형성되지 않아 묽은 상태를 유지하며, 형태를 지탱하는 구조가 만들어지지 않았습니다. 성형을 가능하게 하는 점탄성도 없어 반죽 완성 직후에 팬닝해 발효로 넘어가는 공정이 필요합니다. 이 단계에서 쌀가루와 보조 재료의 배합에 의한 점성이 형성되지만 반죽 자체의 구조 안정성은 제한적으로 나타났습니다. 반면 밀 글루텐이 포함된 글루텐 블렌딩 반죽은 믹싱 과정에서부터 반죽이 한덩어리로 연결되었습니다. 밀 글루텐이 가스와 수분을 붙잡는 구조를 형성해, 성형 과정에서도 반죽의 형태가 보다 안정적으로 유지됩니다.

노트 2 발효 및 굽기 전 반응

✤ 　　　발효 단계에서도 두 반죽의 차이는 큽니다. 글루텐 프리 반죽은 발효 중 기포가 생성되었으며, 부피 증가 또한 확인되었습니다. 다만 반죽 내부에 가스를 붙잡아둘 글루텐 구조가 없기에 글루텐 블렌딩 반죽과 비교했을 때 팽창 반응이 상대적으로 완만했습니다. 글루텐 블렌딩 반죽은 발효 과정에서 기포가 비교적 안정적으로 유지되었고, 반죽 내부의 가스도 지속적으로 유지되는 양상이 관찰되었습니다.

노트 3 굽기 이후 외형 차이

✤ 　　　굽기 이후 외형을 비교했을 때, 글루텐 프리 쌀식빵은 전체적으로 낮은 형태로 고정되는 경향을 보였습니다. 큰 오븐스프링은 없었지만 타피오카 전분과 차전자피 등 보조 재료의 영향으로 윗면이 꺼지지 않고 비교적 안정적인 볼륨이 유지되었습니다. 반면 글루텐 블렌딩 쌀식빵은 굽기 초기에 오븐스프링이 더 뚜렷하게 나타났고, 틀 높이에 가깝게 볼륨도 형성되었습니다. 또한 글루텐 구조가 내부 기포의 팽창을 지지하면서, 굽는 과정에서도 형태가 무너지지 않았습니다. 반죽이 열을 받으며 구조를 고정하는 차이가 외형에 반영된 결과입니다.

결과　원하는 방향에 따라 글루텐 프리 vs 글루텐 블렌딩 선택

✤ 　　　글루텐 프리 쌀빵과 글루텐 블렌딩 쌀빵은 같은 쌀가루 제빵이라 하더라도 지향하는 결과와 특성이 다릅니다. 글루텐 프리는 쌀의 질감이 살아 있는 담백한 빵을 만들기에 적합하고, 글루텐 블렌딩은 볼륨과 구조 안정성, 식사빵으로서의 완성도를 확보하는 데 유리합니다.

발효가 잘 된 쌀반죽은 어떤 상태일까?

내상과 형태가 함께 안정된 상태이다

테스트 목표 과발효 vs 정상 발효 vs 미발효 상태에 따른 결과 비교
테스트 조건 동일한 글루텐 블렌딩 반죽 배합과 반죽량, 굽기 조건

테스트 1 미발효 반죽

❀　　　미발효 상태의 반죽은 발효에 의해 형성되어야 할 기포가 충분히 만들어지지 않아, 굽기 후에도 충분한 볼륨이 형성되지 않았습니다. 오븐에 들어간 이후에도 오븐스프링이 제한적으로 나타났으며, 전체적으로 낮고 무거운 형태로 고정되었습니다. 내상은 기공이 거의 보이지 않거나 매우 조밀하게 뭉쳐 있어, 빵보다는 떡에 가까운 질감이 나타납니다.

테스트 2 정상 발효 반죽

❀　　　정상적으로 발효된 반죽은 굽기 전 틀 안에서 안정적인 높이가 형성되었고, 구운 후에도 과도한 꺼짐이나 퍼짐 없이 형태가 유지되었습니다. 오븐스프링이 적절하게 나타나며, 틀 기준으로 균형 잡힌 볼륨도 돋보였습니다. 결과물 또한 기공 크기가 비교적 고르고 지나치게 크거나 터진 흔적 없이 안정적인 구조가 확인됩니다. 이 상태의 반죽이 가장 균형 잡힌 외형과 식감을 보여줍니다.

테스트 3 과발효 반죽

❀　　　과발효된 반죽은 굽기 전에는 높이 상승이 크게 나타났으나 구조를 지탱할 힘이 약해진 상태였습니다. 굽는 과정에서 과도한 팽창이 일어나며, 오븐스프링 이후 구조가 버티지 못해 바닥이 들리거나 내부가 무너지는 현상이 관찰됩니다. 완성된 내상에서는 기공이 불규칙하게 크게 형성되었고 일부는 터지거나 서로 합쳐진 흔적이 있었습니다. 겉으로 보이는 부피는 커 보일 수 있으나, 내부 구조는 불안정하고 식감 역시 거칠게 느껴집니다.

결과　쌀제빵에서 발효를 판단하는 기준은 구조 안정성

❀　　　쌀제빵에서는 발효가 조금만 과해도 구조 붕괴가 비교적 빠르게 나타나므로, 발효 정도를 반죽의 높이만으로 판단하는 것은 위험합니다. 쌀반죽의 발효 판단은 '얼마나 부풀었는가'가 아니라 '굽고 나서 버틸 수 있는 상태인가'를 기준으로 삼는 것이 중요합니다. 이러한 조건을 만족시킨 반죽이 외형, 내상, 식감 전반에서 가장 균형 잡힌 결과를 보였습니다.

반죽 완성 온도가 결과물에 영향을 줄까?
발효 속도와 구조 안정성을 좌우한다

테스트 목표 반죽 완성 온도 차이에 따른 결과 비교
테스트 조건 동일한 글루텐 프리 반죽 배합과 반죽량, 굽기 조건 / 1시간 발효 기준

테스트 1 반죽 완성 온도 16℃→ 발효 안정성은 높지만 볼륨 형성은 제한적

🌼　　　낮은 반죽 온도에서는 이스트 활동이 느리게 진행되어 1시간 발효 기준 부피 증가가 크지 않았습니다. 오븐스프링 역시 제한적으로 나타나 전체적으로 낮은 형태로 완성되었습니다. 내상은 비교적 조밀하며, 발효 부족으로 인한 무너짐이나 과도한 팽창 문제는 나타나지 않았습니다.

테스트 2 반죽 완성 온도 26℃→ 발효·오븐스프링·구조 안정성 가장 균형적

🌼　　　이스트 활동과 반죽 구조가 가장 균형을 이루었습니다. 1시간 발효 후 안정적인 부피 상승이 관찰되었고, 굽기 이후에도 틀 기준으로 균형 잡힌 높이와 형태가 유지되었습니다. 기공 크기와 분포가 비교적 고르고, 과도한 터짐이나 꺼짐 없이 안정적인 구조를 보여줍니다.

테스트 3 반죽 완성 온도 32℃→ 발효는 빠르지만 구조 붕괴 위험이 큼

🌼　　　높은 온도의 반죽은 1시간 발효 기준 부피 상승이 가장 크게 나타났습니다. 그러나 발효 속도가 빠른 만큼 반죽 내부 구조의 안정성은 상대적으로 약했습니다. 오븐스프링 이후 구조가 버티지 못해 일부는 퍼지고, 구운 뒤에도 높이 손실이 나타나는 경우가 관찰되었습니다. 내상에서는 기공이 불균형하게 커지거나 합쳐진 흔적이 보입니다.

결과　　　26℃의 반죽 완성 온도가 균형 잡힌 결과 도출

🌼　　　반죽 완성 온도는 발효 속도뿐 아니라 굽기 이후 형태와 내상 안정성까지 좌우하는 중요한 변수였습니다. 같은 발효 시간이라 하더라도 반죽 온도에 따라 이스트의 활동 속도와 반죽 내부 변화가 달라져 최종 결과물의 높이와 형태의 차이로 이어졌습니다. 테스트 결과 26℃ 전후의 반죽 완성 온도에서 발효·오븐스프링·구조 안정성이 가장 균형 잡힌 결과를 보여줍니다. 다만, 외부 발효 온도가 다소 높더라도 최종 부피와 구조의 안정성을 정확히 판단할 수 있다면 큰 문제는 되지 않습니다. 발효 환경의 수치보다 더 중요한 것은 굽기 이후에도 형태를 유지할 수 있는 상태인가를 확인하는 것입니다.

오븐 온도는 어떤 차이를 가져올까?
초기 온도가 완성도를 결정짓는다

높이와 구움색 비교

최종 높이 비교

테스트 목표   오븐 온도 차이에 따른 결과 비교
테스트 조건   동일한 글루텐 블렌딩 반죽 배합과 반죽량, 굽기 조건 / 1시간 발효 기준 / 오븐 예열 후 20분 굽기

테스트1 150℃에서 구운 경우

✤　　　낮은 오븐 온도에서는 반죽 내부의 전분 호화와 구조 고정이 지연되어 굽는 동안 반죽이 충분한 지지력을 확보하지 못하는 경향이 나타났습니다. 굽기 색은 비교적 옅고, 내부 수분이 충분히 빠져나가지 못해 외형이 다소 찌그러지고 힘없이 형성되었습니다. 내상 역시 기공이 선명하게 잡히기보다 다소 흐릿하고 눌린 형태입니다.

테스트2 170℃에서 구운 경우

✤　　　오븐 초반 열이 비교적 빠르게 전달되면서 전분 호화와 구조 고정이 안정적으로 진행되었습니다. 오븐스프링 이후에도 형태가 무너지지 않고 유지되었으며, 굽기 색도 자연스러워 보다 식빵다운 모습으로 완성되었습니다. 내상에서는 기공이 비교적 또렷하고 균형있게 형성되어 식감과 구조면에서 더 안정적인 결과를 보입니다.

결과　오븐 온도는 전체를 좌우하는 중요한 변수

✤　　　테스트를 통해 쌀제빵에서 초기 가열 온도와 굽기 시간의 균형이 외형 안정성과 내상의 구조, 완성도 전체를 좌우하는 핵심 변수임을 확인했습니다. 온도가 충분하지 않으면 전분 구조 고정이 지연되어 외형이 무너지기 쉽고, 구조 고정이 늦어질 경우 내부에 부드러운 조직과 수분이 남아 식힘 과정에서 형태가 쉽게 찌그러질 수 있습니다. 반대로 적절한 온도에서는 짧은 시간 안에 구조가 안정적으로 형성됩니다. 다만 낮은 온도에서도 굽기 시간을 충분히 확보하면 수분이 빠져나가 형태를 유지할 수 있습니다.

> ✤ **CHECK**
> **오븐 성능별 실전 대처 요령**
> 쌀식빵은 충분한 오븐 예열이 필수입니다. 설정 온도보다 실제 내부 온도가 낮은 오븐에서는 장시간 굽기보다는 170℃ 내외의 적정 온도에서 구조를 빠르게 고정하는 방식이 더 안정적입니다. 만약 오븐의 예열이 충분치 않거나 성능이 낮다면 굽기 색 형성이 늦고 내부까지 잘 익지 않는 상태가 발생할 수 있습니다. 색만으로 익힘을 판단하지 말고, 굽기 후 형태 유지와 내상 상태를 함께 확인하는 것이 중요합니다.

쌀가루 종류에 따라 결과물도 달라질까?

쌀가루 구조에 따라 결과물도 달라진다

쌀가루 100%   **글루텐 블렌딩 쌀가루**   **시판 강력쌀가루**

(위) 쌀식빵 (가운데) 쌀포카치아 (아래) 쌀바게트

테스트 목표   제품군별 세 가지 타입 쌀가루의 결과 비교

테스트 조건   품목별로 동일한 반죽량과 발효, 굽기 조건

     ○ 시판 강력쌀가루는 활성글루텐과 덱스트린 등이 포함되어 있으며, 성분과 비율은 제조사별로 다를 수 있음.

노트1 작업성과 반죽 안정성

100% 쌀가루 반죽 자체의 형태 유지력이 낮아 묽은 상태에 가까웠고, 바로 팬닝한 뒤 발효를 진행해야 합니다. 또한 수분 조절에 따라 결과 편차가 컸습니다.

글루텐 블렌딩 쌀가루(활성글루텐 17%) 글루텐이 구조를 형성하면서 성형 과정에서도 비교적 안정적인 상태가 유지되었습니다. 수분과 믹싱 조건에 따라 반응이 달라집니다.

시판 강력쌀가루 반죽 안정성이 가장 높으며, 믹싱 시간이 짧고 성형이 수월했습니다. 발효 후에도 형태 유지력이 뛰어나 작업성이 전반적으로 우수합니다.

노트2 품목별 결과 차이

쌀식빵 쌀가루 100%의 글루텐 프리 쌀식빵은 부피와 높이는 제한적이지만 비교적 기공이 고르고 조밀한 내상을 보였습니다. 쌀의 쫀득한 질감도 잘 드러납니다. 글루텐 블렌딩 쌀식빵은 부피와 내상이 균형 있게 형성되고, 쫀득함과 빵다운 조직이 함께 나타났습니다. 가장 안정적인 높이와 볼륨은 강력쌀가루로 만든 쌀식빵에서 확인됩니다.

쌀포카치아 100% 쌀가루 베이스는 전체적으로 낮은 형태로, 기공 크기가 크지 않았습니다. 글루텐 블렌딩 제품은 기공 형성과 높이가 모두 안정적이고 표면과 내부의 균형도 잘 맞았습니다. 강력쌀가루로 만든 쌀포카치아는 가장 큰 기공이 돋보였습니다.

쌀바게트 글루텐 프리 쌀바게트는 형태 유지의 한계가 분명히 나타납니다. 크러스트와 내부 기공 형성이 제한적입니다. 반면 글루텐이 포함된 쌀바게트는 안정적인 크러스트와 내부 기공이 확인되었습니다.

결과 **쌀가루 종류별로 쌀브레드 성격도 달라져**

쌀가루 100%의 글루텐 프리 쌀가루는 구조적 한계는 분명하지만 쌀 고유의 질감과 담백함이 살아 있는 빵에 적합합니다. 반죽기 없이도 작업이 가능해 홈베이킹 환경에 유리합니다. 글루텐 블렌딩 쌀가루는 원하는 쌀가루에 맞춰 구조 조절이 가능해 실험적 접근이나 다양한 환경에서의 응용에 적합합니다. 강력쌀가루는 안정성과 작업 편의성이 높아 일관된 품질과 생산성을 요구하는 환경에 잘 맞습니다. 결국 어떤 쌀가루가 더 좋다고 단정하기보다 작업 환경·목적·원하는 식감에 따라 쌀가루를 선택하는 것이 현실적인 접근이라 할 수 있습니다.

크로크무슈 by 저당 쌀식빵

쌀식빵의 담백한 맛에 부드럽고 진한 베샤멜 소스를 더한 크로크무슈입니다. 무설탕, 현미, 플레인 등
어떤 종류의 쌀식빵과도 어울리며, 식빵 두께가 두꺼울수록 소스가 잘 스며듭니다. 소스를 충분히 발라
촉촉하게 완성해주세요. ● **만드는 법 226P 참고**

단호박수프와 스틱형 크루통 by 현미말차마블 쌀식빵

현미말차마블 쌀식빵을 바삭하게 구워낸 스틱형 크루통에 달큰한
단호박수프를 매칭했습니다. 맛도 색도 대비가 확실한 조합이죠.
쌀식빵으로 크루통을 만들 때는 낮은 온도에서 짧게 구우세요. 너
무 건조하지 않게 바삭함만 살리는 방법입니다.

● 만드는 법 226P 참고

컬러풀 러스크
by 컬러풀 플레인 쌀식빵

알록달록한 쌀식빵을 기름에 튀기지
않고 바삭한 러스크를 만듭니다. 쌀식
빵은 수분 함량이 높아 쉽게 눅눅해질
수 있어요. 110~120℃의 저온에서 천
천히 구워 내부 수분을 안정적으로 날
려야 전체적으로 바삭한 식감을 유지
할 수 있습니다. 완전히 식혀 밀폐 용
기에 담아두면 약 2일간 바삭함이 유
지됩니다.

● 만드는 법 227P 참고

오렌지크림치즈 샌드 by 미니 세사미 쌀베이글

직접 만든 오렌지 마멀레이드와 부드러운 크림치즈 프로스팅이 어우러진 베이글 샌드입니다. 오렌지는 끓는 물에 10초간 데친 뒤 흰 속껍질을 제거해야 쓴맛이 줄고, 향이 깔끔하게 살아납니다. ● 만드는 법 227P 참고

미나리양배추라페 베이글 by 미나리 쌀베이글

채소를 가득 넣은 베이글 메뉴입니다. 향긋한 미나리와 아삭
한 양배추로 라페를 만들어두면 언제든 간편하게 브런치로
즐길 수 있어요. 미나리 대신 루꼴라나 샐러리를 활용해 색다
른 맛으로 응용해도 좋습니다. 라페는 미리 만들어 냉장 숙성
시키면 맛이 깊어집니다. ● 만드는 법 228P 참고

복숭아크림샌드 by 핑크 쌀베이글
핑크빛 쌀베이글 사이에 상큼한 복숭아와 부드러운 크림을
채운 디저트형 샌드입니다. 마스카포네치즈와 생크림을 섞어
만든 크림에 요거트파우더로 산뜻함을 더했어요. 차게 냉장
보관했다가 즐기면 복숭아의 산미와 크림의 조화가 더욱 살
아납니다. ● 만드는 법 228P 참고

콘치즈마요 by 먹물롤치즈 쌀바게트

먹물쌀바게트의 고소한 풍미에 달콤하고 짭조름
한 콘치즈를 더한 간식형 레시피입니다. 옥수수
는 물기를 완전히 제거해 넣어야 치즈와 잘 섞이
고 눅눅해지지 않습니다. 180℃로 예열한 오븐
에서 짧게 구워 완성합니다. ● **만드는 법 229P 참고**

치킨버거 by 프로틴현미 모닝빵

단백질이 풍부한 프로틴현미 모닝빵에 그레이비 소스를 곁들
인 치킨버거입니다. 진하게 졸여 완성한 소스가 빵에 스며들
어 풍미를 더하죠. 감자튀김과 함께 플레이팅하면 든든한 한
끼 메뉴 완성입니다. ● 만드는 법 229P 참고

잠봉&올리브 샌드위치 by 플레인 쌀치아바타
향긋한 갈릭올리브 절임을 넣은 치아바타 샌드위치입니다.
그릭요거트와 꿀을 함께 넣으면 달콤하고 짭조름한 밸런스가
완성됩니다. 절임은 이틀 전에 만들어 사용하면 풍미가 더 깊
어져요. ● 만드는 법 230P 참고

라자냐 by 바질더블치즈 쌀식빵

파스타 대신 얇게 슬라이스한 쌀식빵을 겹겹이 쌓아 홈메이드 라자냐를 만듭니다. 쌀식빵은 소스를 빠르게 흡수하므로 소스를 넉넉히 사용하는 것이 중요해요.

● 만드는 법 230P 참고

햄치즈샌드위치 by 올리브 쌀포카치아

올리브 향이 은은한 쌀포카치아에 부드러운 부라타치즈와
마리네이드 토마토, 루꼴라를 더한 상큼한 샌드위치입니
다. 샌드위치용 채소는 물기를 바짝 털어야 완성시 눅눅함
이 없어요. ● 만드는 법 231P 참고

프렌치토스트 by 미니 풀먼 쌀식빵
쌀식빵은 수분 흡수력이 높아 달걀물에 오래 담그면 쉽게 부서집
니다. 짧게 적셨다가 바로 구워야 겉은 노릇하고 속은 촉촉한 토
스트가 완성되어요. 팬보다 오븐에 굽는 방식이 기름기를 줄이고
쌀식빵 특유의 담백함을 살려줍니다. ● 만드는 법 231P 참고

gluten

CHAPTER 1

글루텐 프리 제빵법

□ 쌀가루 100%로 반죽 완성
□ 글루텐이 없는 제빵법
□ 타피오카, 차전자피 등 보조 재료 사용
□ 발효를 짧게 설정해 구조 붕괴 최소화
□ 손반죽 또는 핸드믹서만으로 작업 가능
□ 쌀 특유의 쫄깃한 식감
□ 알레르기 유발 가능성 낮음
□ 부담 없이 즐길 수 있는 빵
□ 구운 당일 가장 좋은 식감 / 냉동 보관 후 재가열
□ 홈베이킹에 적합

free

책 속 사용 재료

쌀가루 → 햇쌀마루 박력쌀가루(쌀가루 100%)
타피오카 전분 → 밀가루 대신 타피오카 전분
차전자피 분말 → 해나식품 인도 차전자피 분말
이스트 → 샤프 세미 드라이이스트 또는 인스턴트 드라이이스트

미니 풀먼 쌀식빵

글루텐 프리 쌀가루로 만든 기본 쌀식빵입니다. 겉은 고소하고 바삭하며, 속은 쫀득한 식감이 특징입니다. 빵과 떡의 장점을 동시에 느낄 수 있어요.

INFORMATION

공정	반죽 > 발효 > 굽기
틀	7×7cm 풀먼식빵 틀
반죽량	221g×1개
최종 반죽 온도	26~28℃
발효 완료점	틀 상단 기준 1cm 아래 도달 시
굽기	170℃ / 20분

INGREDIENT

가루류	박력쌀가루 90g, 타피오카 전분 19g, 차전자피 분말 1g, 설탕 13g, 소금 2g
이스트	드라이이스트 2.5g
액체류	올리브오일 15g, 물 80g

STEP 1 | 반죽

❶ 가루 혼합단계에서 재료를 충분히 섞어두면 이후 액체와 섞을 때 덩어리나 뭉침 발생을 줄일 수 있습니다.

1 가루류를 먼저 준비한다. 차전자피 분말은 글루텐이 없는 쌀반죽에 점성과 탄력을 부여하는 핵심 재료이다.

2 박력쌀가루, 타피오카 전분, 차전자피 분말, 설탕, 소금, 이스트를 모두 넣고 고르게 섞는다.
＋이스트는 레시피에 명시된 분량을 정확히 사용한다. 세미드라이이스트 기준이며, 인스턴트 드라이이스트 사용 시에는 약 0.8~1배 기준으로 넣는다.

3 올리브오일과 물을 섞어 액체류를 준비한다.
＋오일은 모든 식물성 오일로 대체 가능하다. 향이 있는 오일은 풍미를, 향이 없는 오일은 쌀가루의 담백함을 살려준다.

4 미리 섞어둔 가루류에 액체류를 한 번에 넣는다.

5 거품기로 반죽이 뭉치지 않고 부드럽게 풀릴 때까지 섞는다.

6 거품기를 들어올렸을 때 반죽이 끈을 그리고 떨어지는 점도가 되면 완성이다.
＋차전자피 분말은 사용량이 소량만 달라져도 반죽의 점도 차이가 커 식감과 부피 형성에 영향을 줄 수 있다. 반죽이 너무 빡빡해지지 않도록 미량저울로 정확히 계량한다.

<table>
<tr><td>

❶ 발효 완료점이 틀 높이까지 올라오거나 넘칠 경우에는 틀 뚜껑을 덮을 수 없으니 주의하세요.

7 식물성 오일을 붓이나 키친타월에 묻혀 틀의 모서리·바닥·측면에 얇게 코팅한다.

8 반죽을 틀 상단 기준 3cm 아래까지 채운다. 틀을 가볍게 1-2회 쳐 큰 기포를 정리한다.

9 온도 30~35℃, 습도 약 80%의 조건에서 50분~1시간 발효한다. 반죽 윗면이 틀 상단 기준 1cm 아래까지 올라오면 발효를 종료한다.

</td><td>

❶ 윗면에 진한 구움색이 났는지 확인합니다. 네 면의 색이 균일해야 바삭한 식감이 납니다.

10 발효가 완료되면 틀 뚜껑을 닫는다.
✚ 뚜껑을 닫은 뒤에는 틀에 충격을 주지 않는다. 발효 시 형성된 기포가 무너지면 굽는 동안 팽창이 제한되어 조직이 조밀해질 수 있다.

11 170℃로 30분간 충분히 예열한 오븐에서 약 20분간 굽는다.

12 오븐에서 꺼낸 후 빵을 틀에서 분리해 식힘망 위에 올려 충분히 식힌다.

</td></tr>
</table>

단호박 쌀식빵

국내산 쌀가루와 부드러운 단호박 가루로 만든 미니 쌀식빵입니다. 글루텐이 전혀 없는 레시피지만
차전자피와 타피오카 전분이 구조를 잡아주어 폭신하고 촉촉한 식감이 납니다.

INFORMATION

공정	반죽＞발효＞굽기
틀	15×6.5×5.5cm 미니 식빵 틀
반죽량	279g×1개
최종 반죽 온도	26~28℃
발효 완료점	틀 상단 기준 1cm 위 도달 시
굽기	170℃/23분

INGREDIENT

가루류	박력쌀가루 110g, 타피오카 전분 23g, 차전자피 분말 1g, 단호박가루 7g, 설탕 17g, 소금 2.5g
이스트	드라이이스트 3g
액체류	올리브오일 15g, 물 100g

STEP 1	반죽

❗ 이스트는 소금·설탕과 섞어 장시간 방치해두면 발효력이 약해질 수 있습니다. 직전에 섞으세요.

1 가루류와 이스트를 믹싱볼에 넣고 골고루 섞는다.

2 액체류를 섞어 가루류에 한 번에 붓는다.
➕ 물 대신 단호박퓨레를 일부 사용하면 진한 단호박의 풍미를 낼 수 있다.

3 거품기로 매끈하고 덩어리 없도록 섞는다. 글루텐이 없는 반죽이니 치대는 과정은 생략한다.

4 반죽 전량을 틀에 담아 틀 상단 기준 약 3cm 아래까지 채운다. 팬을 바닥에 가볍게 1~2회 쳐서 큰 기포를 제거한다.

STEP 2	발효&굽기

❗ 글루텐 프리 반죽은 과발효 시 쉽게 무너지고 틀 밖으로 넘칠 수 있으니 발효 완료점을 꼭 지킵니다.

5 온도 30~35℃, 습도 약 80%의 조건에서 50분~1시간 발효한다.
➕ 글루텐 프리 반죽은 발효 상태에 따라 빵의 크기 차이가 현격히 나타난다. 시간보다는 반죽의 부피 상승을 기준으로 발효 완료점을 판단한다.

6 170℃로 예열한 오븐에서 약 23분간 굽는다. 오븐에서 꺼내 틀과 분리해 충분히 식힌다.

7 구운 빵의 중심에 칼집을 내고 팥앙금과 버터를 채우면 단호박 앙버터빵으로 응용 가능하다.

올리브 쌀포카치아

쌀가루 반죽에 타피오카 전분과 으깬 감자를 더해 글루텐 프리 쌀포카치아를 만들었습니다. 감자 전분으로 반죽의 수분 유지력을 높여 구운 후에도 푸석이지 않습니다.

INFORMATION

공정	반죽 > 발효 > 굽기
틀	14×14cm 정사각 틀
반죽량	304g×1개
최종 반죽 온도	26~28℃
발효 완료점	틀 상단 기준 1cm 아래 도달 시
굽기	210℃/12~15분

INGREDIENT

가루류	박력쌀가루 100g, 삶아 으깬 감자 30g, 타피오카 전분 25g, 설탕 12g, 소금 4g, 그라나파다노치즈 5g
이스트	드라이이스트 3g
액체류	올리브오일 15g, 물 110g
토핑	올리브오일, 로즈마리, 통올리브, 그라나파다노치즈

❶ 글루텐 프리 쌀포카치아는 발효 중 형태를 지탱할 힘이 없어, 틀에 바로 반죽을 부은 채로 발효합니다.

1 감자는 껍질을 벗겨 충분히 삶은 뒤 거름망에 눌러 곱게 내린다.
   + 충분히 익은 감자를 반죽에 넣어야 수분과 전분이 고르게 퍼져 식감이 쫀득해진다. 그래야 구웠을 때 포카치아 특유의 촉촉하고 부드러운 식감이 완성된다.

2 준비한 가루와 으깬 감자, 그라나파다노치즈, 이스트를 함께 넣고 충분히 섞는다.

3 물과 올리브오일을 섞어 한 번에 붓는다.

4 거품기를 사용해 반죽을 매끈하게 섞는다. 이 과정에서 타피오카 전분과 수분이 만나 점성이 생기고, 감자 전분의 영향으로 반죽의 결이 부드러워진다.

+ 글루텐 프리 반죽은 치대는 과정이 필요 없으며, 균일하게 섞는 것이 중요하다.

5 거품기를 들어올렸을 때 바로 흘러내릴 정도의 질감이면 완성이다.

6 완성한 반죽을 오일로 코팅한 틀에 부어 틀 상단 기준 3cm 아래까지 채운다.

7 반죽 표면에 올리브오일을 고루 뿌린다.
   + 올리브오일을 표면에 뿌려야 구운 후에도 건조해지지 않고 촉촉함이 유지된다. 단, 너무 많은 양을 뿌리면 구운 뒤 바닥이 눅눅해질 수 있으니 주의한다.

❗ 쌀포카치아는 마지막 공정인 발효와 굽기에서 완성도가 결정됩니다. 적절한 시점에 발효를 멈추고, 충분히 예열된 오븐에서 굽는 것이 촉촉한 내상과 고른 부피를 만드는 비결입니다.

8 반죽 위에 통올리브를 올리고 로즈마리와 그라나파다노치즈를 가볍게 뿌려 토핑한다.

✚ 글루텐 프리 반죽은 구조가 약해 무거운 토핑이 바닥에 가라앉기 쉽다. 누르지 말고 표면에 가볍게 올린다.

9 완성한 반죽은 천을 덮어 온도 30~35℃, 습도 80%의 조건에서 약 50분간 발효한다. 쌀포카치아의 유일한 발효 단계이다.

10 반죽 윗면이 틀 상단 기준 1cm 아래까지 도달하면 발효를 마친다.

✚ 발효는 시간보다 '상태'를 기준으로 판단한다. 이 지점을 넘어서면 굽는 과정에서 형태가 무너질 수 있다.

11 발효 과정에서 반죽 속으로 가라앉은 무거운 토핑은 굽기 직전에 한 번 더 표면 위에 추가로 올린다.

12 오븐을 230℃로 30분간 충분히 예열한 뒤, 210℃로 낮추어 약 12~15분간 굽는다.

✚ 충분히 예열된 오븐에 반죽을 넣어야 빠르게 열을 받아 볼륨이 형성되고 속까지 고르게 익는다.

13 오븐에서 꺼내자마자 틀에서 분리해 식힘망 위에 올려 완전히 식힌다.

✚ 뜨거운 상태에서 밀폐하면 수분이 맺혀 껍질이 눅눅해질 수 있다.

토마토모짜렐라 쌀포카치아

작은 포카치아 속에 피자와 빵의 매력을 동시에 담은 메뉴입니다. 토마토 소스의 산뜻한 산미와 모짜렐라 치즈의 크리미한 풍미, 그리고 바질의 허브향을 느껴 보세요.

INFORMATION

공정	반죽 > 발효 > 굽기
틀	지름 10×높이 2.5cm 원형 틀
반죽량	65g×5개
최종 반죽 온도	26~28℃
발효 완료점	틀 상단 기준 1cm 아래 도달 시
굽기	230℃ 예열→215℃/8분+4분

INGREDIENT

가루류	박력쌀가루 100g, 삶아 으깬 감자 30g, 타피오카 전분 25g, 설탕 12g, 소금 4g, 그라나파다노치즈 5g
이스트	드라이이스트 3g
액체류	올리브오일 15g, 물 110g
추가	바질잎 20g
토핑	토마토 소스, 슬라이스 모짜렐라치즈, 바질잎

STEP 1	반죽

❶ 반죽에 바질을 잘게 잘라 섞으면 허브 향이 은은하게 스며듭니다.

1. 믹싱볼에 가루류와 이스트를 넣고 삶은 감자도 체에 으깨어 넣는다.
   + 쌀가루에 삶아 으깬 감자를 넣으면 감자 전분과 수분이 반죽 전체에 고르게 퍼지면서 반죽의 보습력이 높아져 구운 후에도 촉촉한 식감이 유지된다.

2. 올리브오일과 물을 섞어 가루류에 한 번에 붓고, 거품기로 바닥까지 꼼꼼히 저어 매끈하게 푼다. 반죽 질감이 고르고 뭉침이 없으면 완성이다.

3. 잘게 썬 바질잎 20g을 반죽에 넣고 섞는다.

4. 완성한 반죽을 준비된 원형 틀 높이의 약 50% 정도까지 팬닝한 뒤 발효를 시작한다.

STEP 2	발효&굽기

❶ 글루텐 프리 반죽은 묽은 편이라 소스를 직접 발라 굽기가 어려워요. 애벌굽기 과정이 필요합니다.

5. 반죽을 천으로 덮어 온도 30~35℃, 습도 80%의 조건에서 50분~1시간 발효한다. 반죽이 틀 상단 기준 1cm 아래까지 올라오면 발효를 마친다.

6. 230℃로 예열한 오븐에 반죽을 넣고 곧바로 215℃로 낮추어 약 8분간 애벌로 굽는다.

7. 애벌로 구운 반죽 위에 토마토 소스를 바르고 모짜렐라치즈를 올린 뒤 215℃의 오븐에서 약 4분간 추가로 굽는다.

8. 구운 직후 틀에서 빵을 분리해 한 김 식힌 후 바질잎을 올려 마무리한다.
   + 바질잎은 열에 오래 노출되면 향이 약해지니 마지막에 데커레이션으로 올린다.

머쉬룸샬롯 쌀포카치아

쌀가루와 아몬드가루, 타피오카 전분을 조합해 글루텐 없이 촉촉하고 탄탄한 쌀포카치아를 구현했습니다. 발사믹식초와 올리브오일에 마리네이드한 채소를 듬뿍 올려 구웠어요.

INFORMATION

공정	토핑 준비 > 반죽 > 발효 > 굽기
틀	23×23cm 정사각 틀
반죽량	전량(1개 분량)
최종 반죽 온도	26~28℃
발효 완료점	틀 상단 기준 2cm 아래 도달 시
굽기	230℃ 예열→215℃/12분

INGREDIENT

가루류	박력쌀가루 180g, 아몬드가루 60g, 타피오카 전분 50g, 설탕 25g, 소금 8g, 후춧가루 0.5g, 그라나파다노치즈 10g
이스트	드라이이스트 8g
액체류	올리브오일 30g, 물 200g
토핑	채소 마리네이드{샬롯 20g, 루꼴라 20g, 양파 10g, 느타리버섯 10g, 양송이버섯 10g, 발사믹식초·올리브오일·소금·후춧가루 약간씩}, 데코용 눈꽃치즈 소량

PRE-MAKE	토핑 : 채소 마리네이드

❗ 수분이 많은 채소는 물기를 제거하고 사용해야 반죽이 퍼지지 않습니다.

01 다양한 버섯과 양파, 루꼴라 등 포카치아 위에 올릴 토핑을 준비한다.
➕ 포카치아는 재료 선택에 따라 풍미가 달라지므로 다양한 채소로 색감과 맛에 포인트를 준다.

02 샬롯과 양파는 얇게 슬라이스하고, 버섯도 모두 얇게 썰어 소금과 후춧가루로 간한다.

03 준비한 버섯과 양파에 소량의 발사믹식초와 올리브오일을 더해 가볍게 버무린다.
➕ 발사믹식초는 전체 토핑 양의 5% 미만으로 넣어야 신맛이 과하게 나지 않고 구웠을 때 은은한 단맛과 감칠맛이 난다.

STEP 1	반죽

❗ 반죽 표면에 올리브오일을 뿌리면 수분 막이 형성되어 속은 촉촉하고 겉은 바삭하게 구워집니다.

1 믹싱볼에 가루류와 이스트를 넣고 거품기로 충분히 섞어 균일하게 만든다.

2 올리브오일과 물을 섞어 가루류에 붓는다.

3 거품기를 사용해 반죽을 덩어리 없이 풀어준다.
➕ 타피오카 전분에 수분이 흡수되면서 특유의 쫀득한 점성이 형성된다. 이것이 글루텐이 없는 반죽의 구조를 보완해준다.

4 식물성 오일로 코팅한 틀에 반죽을 전량 붓고 자연스럽게 퍼지도록 둔다.

5 반죽 표면에 올리브오일을 고루 뿌려 촉촉한 식감을 유지하도록 한다.

STEP 2 | 발효&굽기

❗ 포카치아는 발효 단계에서 버섯과 양파 속 수분이 반죽과 자연스럽게 어우러집니다.

6 반죽 위에 준비해둔 토핑 재료를 올린다.

7 완성한 반죽은 천으로 덮어 온도 30~35℃, 습도 80%의 조건에서 약 50분간 발효한다.

8 틀 상단 기준 2cm 아래까지 부풀면 발효를 마친다.
➕ 발효를 끝냈을 때 토핑이 반죽 속으로 살짝 들어가 있어도 문제없다. 굽기 직전에 한 번 더 올린다.

9 오븐을 230℃에서 30분 이상 예열한 뒤, 발효된 반죽을 넣고 온도를 215℃로 낮추어 약 12분간 굽는다.

10 구운 직후에는 틀에서 빵을 분리해 식힘망에 올리고 치즈 토핑을 더한다.

11 충분히 식힌 후 신선한 루꼴라를 올려 마무리한다.

🌿 POINT

글루텐 프리 반죽의 발효 관리

글루텐 프리 반죽을 너무 따뜻한 곳에 오래 두면 발효가 빠르게 진행되어 반죽이 힘을 잃고 쉽게 무너질 수 있습니다. 발효 온도는 약 30℃를 기준으로 관리해주세요.

발효 시작 후 약 50분이 지나면 반죽의 부피를 수시로 확인해가며 발효 완료 시점을 판단해야 합니다. 과발효가 진행되면 반죽 중앙부터 꺼지며 반죽 표면이 힘 없이 내려앉을 수 있습니다.

그린빈연근 쌀포카치아

작은 사이즈의 머핀형 포카치아입니다. 반죽 위에 그린빈, 연근, 주키니, 닭가슴살 등을 올려 다채로운 재료의 식감과 풍미를 살렸습니다.

INFORMATION

공정	반죽 > 토핑 > 발효 > 굽기
틀	지름 6cm×높이 5cm 머핀 틀(12구)
반죽량	약 50g×12개
최종 반죽 온도	26~28℃
발효 완료점	틀 높이까지 도달 시
굽기	230℃ 예열→215℃/12분

INGREDIENT

가루류	박력쌀가루 200g, 삶아 으깬 감자 60g, 타피오카 전분 50g, 설탕 24g, 소금 8g, 그라나파다노치즈 10g
이스트	드라이이스트 6g
액체류	올리브오일 30g, 물 220g
토핑	잘게 찢은 닭가슴살, 연근과 주키니 슬라이스, 그린빈, 올리브오일, 후춧가루, 그라나파다노치즈

<table>
<tr><td>

STEP 1 | 반죽&토핑

❗ 채소의 수분과 글루텐 프리 반죽의 구조를 어떻게 맞추는가에 따라 반죽의 완성도가 좌우됩니다.

1 삶은 감자를 체에 으깨어 가루류, 이스트와 함께 섞는다.

2 올리브오일과 물을 섞어 한 번에 붓고 거품기로 반죽이 매끈해질 때까지 섞는다. 이 단계에서 타피오카 전분과 수분이 결합되어 자연스러운 점성이 형성된다.

3 식물성 오일로 코팅한 머핀 틀에 개당 약 50g씩 반죽을 담는다.

4 준비한 토핑용 재료를 닭가슴살→주키니→연근→그린빈 순서로 올린다.
➕ 연근, 주키니처럼 수분이 많은 채소는 얇게 슬라이스해서 토핑해야 굽는 동안 반죽이 안정된다.

</td><td>

STEP 2 | 발효&굽기

❗ 굽기 직전에 토핑용 채소를 소량 올려주면 시각적 완성도를 높일 수 있습니다.

5 올리브오일을 살짝 뿌리고 후춧가루와 그라나 파다노치즈를 뿌려 풍미를 더한다.

6 완성한 반죽은 천으로 덮어 온도 30~35℃, 습도 80%의 조건에서 약 40~50분 발효한다. 반죽이 틀 높이까지 차오르면 발효를 종료한다.
➕ 반죽이 과도하게 부풀면 채소 토핑이 흘러내리거나 꺼질 수 있으니 주의한다.

7 오븐은 230℃에서 충분히 예열한 뒤, 팬을 넣고 온도를 215℃로 낮추어 약 12분간 굽는다. 이때 채소의 수분이 오븐 열에 구워지면서 채소 고유의 향과 단맛이 살아난다.

</td></tr>
</table>

현미말차마블 쌀식빵

현미의 구수함과 말차의 은은한 향이 조화로운 큐브 식빵입니다. 플레인 반죽과 말차 반죽을 교차로 팬닝해 마블무늬가 선명하게 살아 있어요. 한 조각만으로도 맛, 향, 색감을 고루 즐길 수 있습니다.

INFORMATION

공정	반죽 > 발효 > 굽기
틀	9×9cm 풀먼식빵 틀
반죽량	415g×1개
최종 반죽 온도	26~28℃
발효 완료점	틀 상단 기준 1cm 아래 도달 시
굽기	170℃ / 27분

INGREDIENT

가루류	현미가루 30g, 박력쌀가루 130g, 타피오카 전분 35g, 차전자피 분말 1.5g, 설탕 23g, 소금 4g
이스트	드라이이스트 4g
액체류	현미유 24g, 물 150g
토핑	말차 3g, 물 10g

STEP 1 │ ## 반죽

❶ 플레인 반죽과 말차 반죽을 동량으로 나누어 사용하는 구조입니다. 두 반죽의 점도와 수분 상태가 비슷해야 팬닝 시 마블 무늬가 선명하게 유지되므로, 분리·혼합 과정에서 반죽의 질감을 함께 확인하는 것이 중요합니다.

1 넓은 믹싱볼에 가루류와 이스트를 담는다. 말차는 따로 덜어 준비한다.
+ **현미가루가 없다면 동량의 박력쌀가루로 대체 가능하다.**

2 준비한 가루류를 거품기로 충분히 섞는다. 가루 단계에서 고르게 섞어두면 이후 액체를 넣었을 때 덩어리의 발생을 줄일 수 있다.

3 작은 볼에 현미유와 물을 함께 준비한다. 오일은 향이 강하지 않은 종류를 선택해야 말차의 은은한 향을 느낄 수 있다. 현미유 외 해바라기씨유, 카놀라유 등이 적당하다.

4 액체류를 가루류에 한 번에 붓고, 거품기로 덩어리가 사라질 때까지 섞는다.

5 반죽이 매끈해지면 약 200g을 덜어 플레인 반죽으로 따로 둔다.

6 말차 3g을 물 10g에 풀어준 뒤, 남은 반죽에 넣어 고르게 섞는다.
+ **말차를 물에 먼저 풀어 사용하면 뭉침을 방지할 수 있고, 구웠을 때 색감도 선명하게 살아난다.**

STEP 2 | 발효

❗ 글루텐 프리 반죽에서 마블 패턴을 만들 때는 두 반죽을 섞지 않고 교차로 팬닝해야 합니다.

7 식빵 틀 안쪽 전체에 식물성 오일을 균일하게 바른다. 오일을 고르게 바르면 구웠을 때 껍질이 매끈하게 나온다.

8 틀에 준비해둔 말차 반죽 100g을 먼저 붓는다.

9 그 위에 동량의 플레인 반죽 100g을 붓는다. 반죽을 떨어뜨리기보다 한 지점에서 부드럽게 흘려 담는 것이 층을 유지하는 데 도움이 된다.

10 남은 말차 반죽과 플레인 반죽을 각각 100g씩 교차로 담아 자연스러운 마블무늬를 만든다. 겹쳐 담는 방식으로 무늬를 형성한다.

11 완성한 반죽은 천으로 덮어 온도 30~35℃, 습도 80%의 조건에서 발효를 시작한다.

STEP 3 | 굽기

❗ 진한 갈색이 나올 만큼 충분히 구워야 껍질이 바삭하면서도 속은 촉촉한 빵이 완성됩니다.

12 반죽 윗면이 틀 상단 기준 약 1cm 아래까지 고르게 부풀어오르면 발효를 마친다.

➕ 식빵 틀에 넣고 발효할 때는 뚜껑 대신 윗면에 랩을 덮어두면 발효점을 확인하기가 쉽다.

13 170℃로 30분 이상 충분히 예열한 오븐에 넣고 그대로 27분간(오븐마다 ±2분 조정) 굽는다.

➕ 예열이 부족하면 내부 수분이 제대로 증발하지 않고 구조 형성도 잘 이루어지지 않는다. 충분히 예열된 오븐에 반죽을 넣어야 들어가자마자 안정적으로 팽창하면서 내부까지 고르게 익는다.

14 구운 직후 틀에서 분리해 식힘망에 올린다.

초코무화과마블 쌀식빵

화이트럼에 졸인 무화과조림과 진한 코코아 풍미가 맛의 깊이를 완성하는 쌀식빵입니다. 촉촉하고
쫀득한 식감 사이로 은은한 달콤함이 퍼져요.

INFORMATION

공정	필링 준비 > 반죽 > 발효 > 굽기
틀	15.5×7.5×6.5cm 오란다 틀(대)
반죽량	약 418g×1개
최종 반죽 온도	26~28℃
발효 완료점	틀 높이까지 도달 시
굽기	170℃/27분

INGREDIENT

가루류	현미가루 30g, 박력쌀가루 130g, 타피오카 전분 35g, 차전자피 분말 1.5g, 설탕 23g, 소금 4g
이스트	드라이이스트 4g
액체류	현미유 24g, 물 150g
추가	코코아파우더 4g, 블랙 코코아파우더 2g, 물 10g
필링	무화과조림{반건조 무화과 250g, 화이트럼 50g, 물 50g, 설탕 50g}

PRE-MAKE	**필링 : 무화과조림**	**STEP 1** **반죽**

PRE-MAKE | **필링 : 무화과조림**

❶ 약간의 시럽이 남아 있을 정도로 졸여야 촉촉하고 은은한 술향이 남습니다.

01 무화과는 꼭지를 제거해 반으로 잘라 준비한다. 반건조 무화과는 속이 촉촉해 가위로 자르는 게 수월하다.

02 냄비에 모든 재료를 넣고 중불에서 서서히 졸인다. 끓기 시작하면 한두 번 가볍게 저어 바닥이 타지 않도록 한다. 이때 무화과가 부서지지 않도록 과도하게 젓지 않는다.

03 무화과에 윤기가 돌고, 소량의 수분이 남아 있는 상태에서 마무리한다.

✚ 수분이 완전히 사라지면 무화과가 지나치게 단단해지고, 반대로 수분이 너무 많으면 반죽에 넣었을 때 반죽의 구조가 무너질 수 있다.

STEP 1 | **반죽**

❶ 초코 반죽은 코코아파우더가 수분을 흡수해 질감이 무거워질 수 있어요. 물로 점도를 맞추세요.

1 넓은 볼에 가루류와 이스트를 넣고 고르게 섞는다.

2 현미유와 물을 섞어 한 번에 부은 뒤, 거품기로 반죽 표면이 매끈해지게 충분히 섞는다.

3 완성한 반죽에서 200g을 덜어내 플레인 반죽으로 따로 두고, 남은 반죽에 코코아파우더와 블랙 코코아파우더를 체에 내려 넣는다.

4 물 10g을 더해 반죽을 섞어 매끈하게 만든다.
✚ 코코아파우더는 수분 흡수력이 높아 반죽이 되직해지므로 물을 추가해 점도를 조절한다.

5 플레인 반죽과 초코 반죽을 각각 완성한다.

STEP 2 | 발효 & 굽기

❶ 글루텐 프리 반죽은 글루텐망이 없어 시간이 조금만 지나도 쉽게 꺼지거나 무너질 수 있습니다. 무화과조림을 반죽 속으로 눌러 넣으면 수분이 퍼져 반죽의 조직이 흐트러지고 형태가 무너져요. 반드시 반죽 표면에 가볍게 올려주세요.

6   준비한 오란다 틀에 초코 반죽부터 140g 팬닝한다.

7   반죽 위에 미리 준비한 무화과조림 4~6개를 올린다. 한쪽에 몰리지 않도록 배치해 단면의 균형을 잡는다.

8   그 위에 남은 플레인 반죽을 모두 붓는다. 한 번에 붓지 말고 천천히 부어 무화과조림을 자연스럽게 덮는다.

9   주걱 끝으로 가볍게 저어 자연스런 마블무늬를 낸다. ➕ 주걱을 과하게 저으면 색이 섞여 탁해지기 쉽다. 2~3회만 지그재그로 그리듯 해야 자연스러운 무늬가 형성된다.

10 온도 30~35℃, 습도 약 80%의 조건에서 50분~1시간 발효한다. 윗면이 틀 높이까지 도달하면 종료한다.

11 발효를 마친 반죽 위에 남은 무화과조림을 장식하듯 가볍게 올린다. 반죽이 눌리지 않도록 신경쓴다.

12 오븐을 170℃로 최소 30분간 충분히 예열한 다음 반죽을 넣고 약 27분간 굽는다. 굽기 색이 진한 갈색을 띠면 빵을 꺼내 틀에서 분리한다.

➕ 글루텐 프리 마블쌀식빵은 구운 뒤 식기 전에 자르면 단면이 눌리고 끈적일 수 있다. 빵의 내부 온도가 충분히 내려간 후에 슬라이스해야 마블무늬가 선명하게 살아난다.

컬러풀 플레인 쌀식빵

파프리카, 시금치, 비트 분말을 활용해 천연 색감과 영양을 채운 쌀식빵입니다. 인공 색소가 아닌 채소 분말을 사용해 발색이 은은하고 자연스러워요.

INFORMATION

공정	반죽 > 발효 > 굽기
틀	15×6.5×5.5cm
반죽량	약 250g×1개
최종 반죽 온도	26~28℃
발효 완료점	틀 높이까지 도달 시
굽기	170℃/20분

INGREDIENT

빨강	박력쌀가루 93g, 타피오카 전분 20g, 차전자피 분말 1g, 비트가루 2g, 설탕 14g, 소금 2g, 드라이이스트 2.5g, 현미유 15g, 물 100g
초록	박력쌀가루 92g, 타피오카 전분 19g, 차전자피 분말 1g, 시금치가루 6g, 설탕 14g, 소금 2g, 드라이이스트 2.5g, 현미유 12g, 물 105g
노랑	박력쌀가루 97g, 타피오카 전분 20g, 차전자피 분말 1g, 파프리카가루 3g, 설탕 15g, 소금 2g, 드라이이스트 2.5g, 현미유 15g, 물 95g

<table>
<tr><td>

STEP 1 | 반죽

❗ 채소 색 분말은 체에 걸러 사용해야 색감이 선명해지고 반죽에 넣었을 때 균일하게 색을 냅니다.

1 큰 믹싱볼 3개를 준비해 색상별로 쌀가루와 타피오카, 차전자피, 설탕, 소금, 이스트를 각각 담는다.

2 각각의 볼에 비트가루, 시금치가루, 파프리카가루를 체쳐 넣은 뒤 충분히 섞는다. 그래야 구웠을 때 색이 뭉침 없이 선명하게 표현된다.

3 현미유와 물을 섞어 각각의 볼에 한 번에 붓는다.

4 거품기를 사용해 덩어리가 남지 않도록 충분히 섞어 매끈한 반죽을 만든다. 반죽 표면이 고르고, 반죽을 떨어뜨렸을 때 늘어짐이 일정하면 반죽이 완성된 상태이다.

</td><td>

STEP 2 | 발효&굽기

❗ 글루텐 프리 반죽은 과발효에 취약합니다. 매끈하고 기포가 고르게 분포되면 이상적인 상태입니다.

5 식물성 오일을 얇게 바른 틀에 반죽을 붓고 틀을 가볍게 바닥에 쳐서 기포를 없앤다.

6 온도 30~35℃, 습도 약 80%의 조건에서 약 1시간 동안 발효한다. 반죽 윗면이 틀 높이까지 도달했을 때가 발효 완료점이다.

7 170℃로 25~30분 이상 충분히 예열한 오븐에서 20분간 굽는다.

➕ 굽기 색은 재료 고유의 색이 은은하게 살아 있는 상태가 적당하다.

</td></tr>
</table>

홍국고구마&스위트단호박 미니 쌀식빵

쌀가루 반죽에 홍국쌀가루와 단호박가루로 각각 산뜻한 색을 입히고, 고구마조림과 단호박조림을 넣고 구워 촉촉한 식감을 살렸습니다. 자연스러운 단맛이라 부담 없이 즐길 수 있어요.

INFORMATION

공정	필링 준비 > 반죽 > 발효 > 굽기
틀	7×7cm 큐브식빵 틀
반죽량	약 230g×1개
최종 반죽 온도	26~28℃
발효 완료점	틀 높이까지 도달 시
굽기	170℃/20~23분

INGREDIENT

가루류	박력쌀가루 93g, 타피오카 전분 19g, 차전자피 분말 0.5g, 설탕 15g, 소금 2g, 홍국쌀가루 2g 또는 단호박가루 4g
이스트	드라이이스트 2g
액체류	현미유 12g, 물 84g
필링 1	반죽용 고구마조림 30g, 토핑용 고구마조림 소량
필링 2	반죽용 단호박조림 30g, 토핑용 단호박 슬라이스 3장
고구마 & 단호박조림	고구마 또는 단호박 다이스 300g, 물 100g, 설탕 200g

PRE-MAKE	**필링 : 고구마조림&단호박조림**

❗ 조림은 체에 밭쳐 시럽을 충분히 제거한 뒤 완전히 식혀 반죽에 넣어주세요.

01 고구마 또는 단호박 껍질을 벗긴 뒤 사방 2cm 크기로 자른다. 크기가 일정해야 완성 후 식감이 고르게 유지된다.

02 냄비에 물과 설탕을 넣고 중불에서 약 2분간 젓지 않고 그대로 끓여 설탕이 자연스럽게 녹도록 한다.

03 준비한 고구마 또는 단호박 다이스를 끓는 시럽에 넣고 5분간 가볍게 저어가며 끓인다.

04 조림이 완성되면 불을 끄고 체에 밭쳐 남은 시럽을 완전히 제거해 차갑게 식혀 사용한다.

STEP 1	**반죽**

❗ 차전자피 분말은 1g 이상 사용 시 반죽이 과도하게 단단해져 부피 형성이 제한될 수 있습니다.

1 큰 볼 2개를 준비해 각각 쌀가루와 타피오카, 차전자피, 설탕, 소금, 이스트를 담는다. 홍국고구마 쌀식빵 볼에는 홍국쌀가루를, 스위트단호박 쌀식빵 볼에는 단호박가루를 추가한다.

2 현미유와 물을 섞어 각각의 볼에 한 번에 붓고 거품기로 고르게 섞는다. 가루의 고유한 맛을 느낄 수 있도록 향이 은은한 오일을 선택한다.

3 두 반죽이 매끈해지면 반죽을 마무리한다.
➕ 거품기를 들어 올렸을 때 반죽이 천천히 늘어지듯 떨어지고 덩어리가 남지 않으면 적정 상태이다.

❶ 발효실이 없다면 밀폐용기에 뜨거운 물 한 컵과 반죽을 함께 넣어둡니다. 이때 밀폐용기의 뚜껑은 완전히 닫지 말고, 용기 내부에 습기가 과도하게 차지 않도록 느슨하게 열어두세요.

4 식물성 오일을 얇게 바른 큐브식빵 틀에 각각의 반죽을 절반씩만 팬닝한다.

5 준비한 단호박조림 또는 고구마조림을 골고루 올린다. 한 번에 많은 양의 필링을 올리면 바닥으로 가라앉으므로 2회 나누어 올린다.

6 남은 반죽을 모두 붓고 평평하게 정리한 다음 남은 필링을 다시 한 번 고르게 올린다.

7 틀 상단 기준 약 3cm 아래까지 반죽을 채워 50분~1시간 발효한다.
   ✚ 발효 온도는 30~35℃, 습도는 약 80%가 알맞다.

8 반죽 윗면이 틀 높이까지 올라오면 발효를 마친다.

9 발효가 완료된 홍국고구마 쌀식빵 반죽 위에 고구마조림을, 스위트단호박 쌀식빵 반죽 위에 단호박 슬라이스 3장을 고르게 올린다.
   ✚ 마지막 장식용 필링은 반죽 위에 가볍게 올려야 굽고 난 뒤 윗면에 드러나게 구워진다.

10 170℃로 30분 이상 예열한 오븐에서 약 20~23분간 굽는다. 진한 갈색의 굽기 색이 나와야 겉껍질의 바삭한 식감이 제대로 살아난다.

11 구운 직후 틀에서 바로 빵을 분리해 식힘망 위에서 충분히 식힌다.

흑미롤치즈 쌀식빵

흑임자의 진한 고소함을 좋아하는 이들에게 추천하는 레시피입니다. 담백한 쌀가루 반죽에 볶은 흑임자를 넣어 진한 맛과 향을 내요. 굽고 난 뒤 흑임자 글레이징으로 포인트를 줍니다.

INFORMATION

공정	반죽 > 발효 > 굽기 > 글레이징
틀	7×7cm 큐브식빵 틀
반죽량	230g×1개
최종 반죽 온도	26~28℃
발효 완료점	틀 높이까지 도달 시
굽기	170℃/20분

INGREDIENT

가루류	박력쌀가루 90g, 타피오카 전분 20g, 차전자피 분말 1g, 유기농 설탕 12g, 소금 2g
이스트	드라이이스트 2g
액체류	현미유 13g, 물 80g
추가	볶은 흑임자 10g, 롤치즈 20g
글레이즈	흑임자 페이스트 10g, 슈가파우더 30g, 물 6g, 레몬즙 3g

STEP 1 | 반죽

❗ 구조가 약한 글루텐 프리 반죽에 충전물을 넣을 때는 반죽을 절반씩 나눠 팬닝합니다. 그래야 반죽 사이에 충전물이 안정적으로 자리잡아 굽는 과정에서 가라앉거나 한쪽으로 쏠리는 현상을 줄일 수 있습니다.

1 볼에 가루류와 이스트를 넣고 거품기로 충분히 섞는다.
➕ 차전자피 분말은 뭉치면 수분이 고르게 흡수되지 못하므로 반드시 다른 가루류와 잘 섞는다.

2 현미유와 물을 섞어 한 번에 붓고 거품기로 반죽이 덩어리지지 않게 섞는다. 이때 볼 가장자리에 붙은 반죽은 주걱으로 매끈하게 긁어 정리한다.

3 반죽이 고르게 섞이면 볶은 흑임자를 넣고 주걱으로 섞는다.

➕ 흑임자는 중불에서 살짝 볶으면 수분이 줄면서 향이 응축된다. 볶은 흑임자를 반죽에 넣으면 풍미가 진해지고 수분 밸런스도 잡을 수 있다.

4 틀에 식물성 오일을 얇게 바르고, 반죽의 절반을 먼저 붓는다.

5 준비한 롤치즈를 반죽 위에 고르게 한 겹 올린다. 롤치즈는 한 겹만 올려야 가라앉지 않는다.

➕ 반죽 속재료용 치즈는 작고 균일해야 굽는 과정에서 치즈가 자연스럽게 녹아 반죽과 어우러지고, 구운 뒤 단면도 깔끔해 보인다.

6 남은 반죽을 롤치즈 위에 붓고 틀을 바닥에 가볍게 1~2회 쳐 큰 기포만 정리한다.

 발효&굽기

❗ 반죽이 발효점에 도달할 때까지 기다리는 게 가장 중요합니다. 따뜻한 공간에서 발효해주세요.

7 발효를 시작한지 약 50분~1시간 후, 반죽 윗면이 틀 높이까지 도달하면 발효를 멈춘다.
➕ **최적의 발효 조건은 온도 30~35℃, 습도 약 80%.**

8 반죽 위에 롤치즈를 한 번 더 올린다.

9 오븐을 170℃로 30분간 예열한 뒤 반죽을 넣고 20분간(오븐마다 ±2분 조정) 굽는다. 표면이 진한 갈색이 되면 완성이다.
➕ **오븐 예열이 부족하면 반죽이 제대로 부풀지 못하고, 껍질이 단단해질 수 있다.**

10 틀에서 빵을 바로 분리해 식힘망에 올린다. 뜨거운 상태로 틀에 두면 수분이 갇혀 껍질이 눅눅해질 수 있다.

 글레이징

❗ 글레이징을 하면 흑임자의 고소한 향을 더 살리고, 식빵 표면에도 은은한 광택이 더해집니다.

11 흑임자 페이스트, 슈가파우더, 물, 레몬즙을 계량해 준비한다.

12 작은 볼에 재료를 모두 넣고 매끈한 농도가 될 때까지 섞어 글레이즈를 만든다.
➕ **글레이즈에 레몬즙을 넣으면 단맛을 잡아주고 산미가 더해져 풍미의 균형을 맞출 수 있다.**

13 식은 식빵을 뒤집어 들고 식빵 윗면에 글레이즈를 묻혀 완성한다. 글레이즈를 위에서 부어줘도 좋다.

14 식힘망에 올려 글레이즈를 자연스럽게 굳힌다.

홍국크림치즈 쌀바게트

홍국쌀가루 특유의 은은한 붉은 색감과 담백함이 돋보이는 글루텐 프리 쌀바게트입니다. 반죽에 쌀 탕종을 더해 가볍고 부드러운 밀도의 바게트를 만들었습니다.

INFORMATION

공정	반죽 > 1차 발효 > 성형 > 2차 발효 > 굽기 > 크림 충전
성형 사이즈	길이 약 23cm×폭 4cm
반죽량	약 220g×2개
최종 반죽 온도	26~28℃
발효 완료점	지름이 약 2cm 커졌을 때
굽기	230℃ 예열→200℃/15분

INGREDIENT

가루류	박력쌀가루 215g, 홍국쌀가루 4g, 차전자피 분말 10g, 소금 4g
이스트	드라이이스트 6g, 미지근한 물 90g
액체류	액상 알룰로스 10g 또는 설탕 7g
추가	글루텐 프리 쌀탕종 100g, 버터 30g
크림	어니언 크림치즈{크림치즈 200g, 슈가파우더 30g, 생크림 15g, 볶은 양파 50g}

PRE-MAKE	글루텐 프리 쌀탕종

❗ 쌀탕종을 글루텐 프리 반죽에 넣으면 무거운 질감이 완화되고 촉촉함도 더해집니다.

01 물 95g과 박력쌀가루 25g을 냄비에 넣는다.

02 거품기로 쌀가루를 매끈하게 풀고 중불에서 저어가며 끓인다.

03 계속 저어주다가 반죽이 되직해지면 불을 끄고 완전히 식혀 본 반죽에 사용한다.

➕ 탕종은 끓는 물에 밀가루 또는 쌀가루 일부를 익혀 호화시킨 후, 본 반죽에 사용하는 반죽법이다. 그 결과 반죽의 수분 보유력이 증가해 식감이 촉촉하게 오래 유지되며, 빵의 노화도 지연된다. 식감이 중요한 식빵류, 크림빵류, 단과자류에 활용되는 경우가 많다.

STEP 1	반죽

❗ 글루텐 프리 반죽은 가루와 액체를 균일하게 섞는 과정이 무엇보다 중요합니다.

1 가루류를 거품기로 균일하게 섞는다.

2 미지근한 물에 이스트를 풀어준 뒤, 액상 알룰로스를 넣어 섞는다.

➕ 알룰로스는 물에 함께 풀어줘야 반죽 전체에 균일하게 분산된다.

3 가루류를 담은 믹싱볼에 글루텐 프리 쌀탕종과 이스트 혼합액을 넣고 주걱으로 바닥까지 긁어가며 섞는다.

4 가루가 절반 정도 섞이면 실온 버터를 넣고 반죽에 버터가 흡수될 때까지 손으로 치댄다.

5 반죽이 80% 정도 섞이면 작업대로 옮긴다.

STEP 2 | **1차 발효&성형**

❗ 1차 발효는 반죽을 키우는 단계가 아니라 정돈하는 단계에 가깝습니다. 안쪽에 작은 기포가 생기고, 반죽이 한결 부드러워졌다면 충분합니다.

6 반죽은 바닥에 넓게 치대며 위치를 바꿔가면서 고르게 작업한다. 반죽에 탄력이 붙고 매끈해지면 차전자피 분말에 수분이 흡수되어 점성이 안정적으로 형성된다.

7 반죽이 완전히 매끈해지면 둥글리기를 시작한다. 둥글리기 과정에서는 표면을 안쪽으로 끌어당겨 밀도를 정리해주어야 이후 성형 시 균열이 생기지 않는다.

8 반죽을 볼에 담고 윗면을 랩으로 덮은 뒤 온도 30℃, 습도 80%의 조건에서 약 40분간 발효한다.

➕ **1차 발효는 10-20% 정도의 미세한 팽창만 있어도 충분하다. 성형 시 반죽이 끊어지지 않도록 도와준다.**

9 1차 발효를 마친 반죽은 220g씩 두 덩이로 분할한다. 분할 시 표면이 찢기지 않도록 가볍게 잘라내는 것이 좋다.

10 분할한 반죽을 밀대로 길이 약 20cm가 되도록 일정한 두께로 밀어준다.

➕ **반죽을 일정한 길이와 두께로 밀은 후 단단히 말아올려야 굽는 동안 모양이 유지되고 속결이 고르게 형성된다.**

11 반죽의 윗부분을 살짝 말아 접은 뒤, 양쪽 끝을 안쪽으로 모아 뾰족한 끝 모양을 만든다.

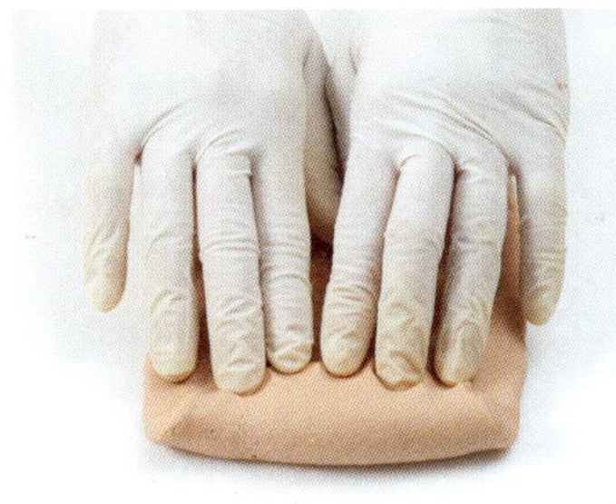
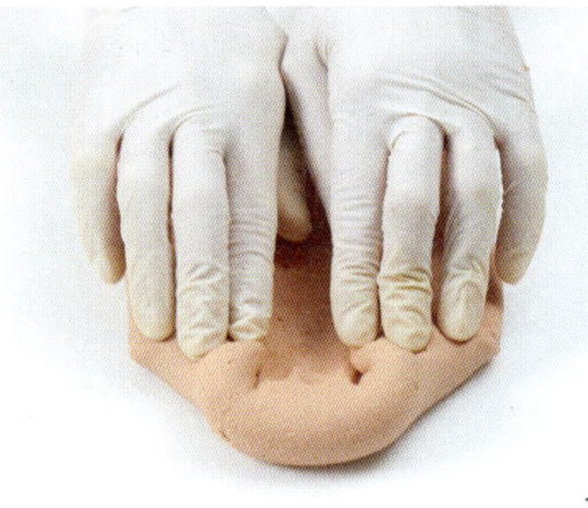
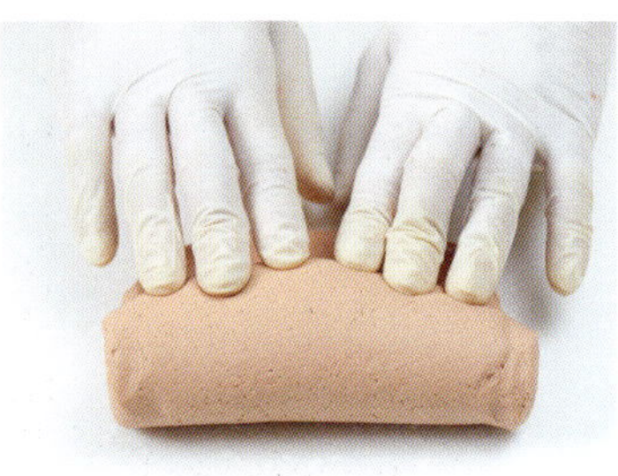

11   11   12

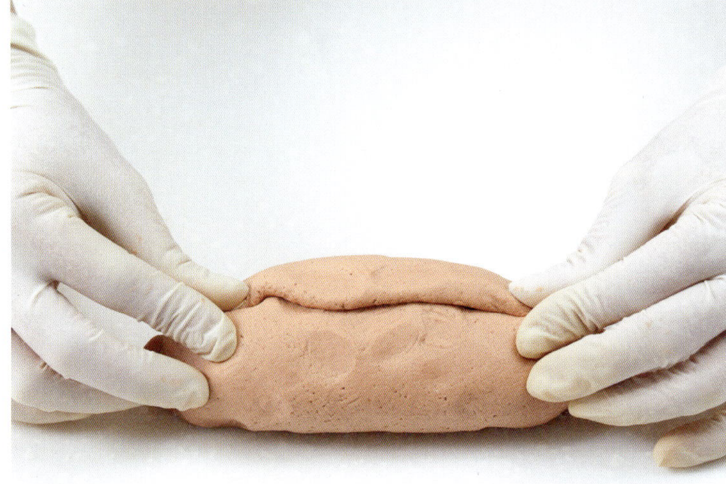
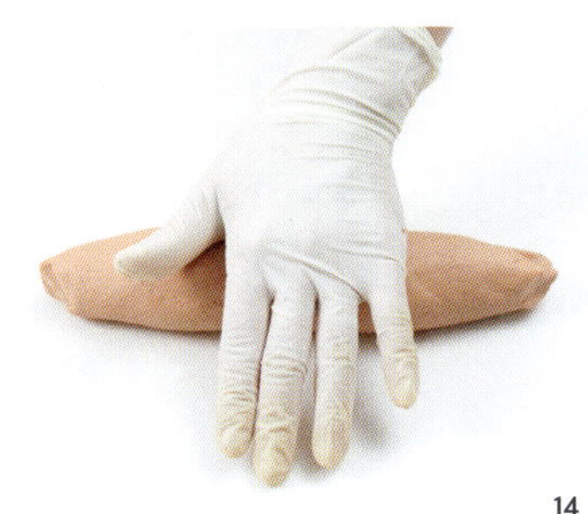

14

13   15

STEP 3 | ## 2차 발효

🔴 글루텐 프리 쌀바게트는 반죽을 지탱하는 구조가 약해
2차 발효가 지나치면 반죽이 힘을 잃고 퍼질 수 있습니다.

12   반죽을 위에서 아래로 내려 표면이 팽팽하도록 단단
히 만다. 그래야 구웠을 때 매끈한 형태가 유지된다.

13   마지막 이음매는 손으로 꼼꼼히 봉합해 벌어지지 않
도록 정리한다.

14   끝부분은 가늘게 다듬어야 바게트 특유의 길고 가는
모양을 살릴 수 있다.

15   성형한 반죽을 팬 위에 올려 2차 발효를 시작한다. 지
름이 약 2cm 정도 커지면 2차 발효를 마친다.

➕ 온도 30℃, 습도 80%의 조건에서 약 40분간 발효한다.

🌿 POINT

글루텐 프리 쌀바게트의 색감 보완법

글루텐 프리 쌀바게트는 형태 유지를 위해 상
대적으로 많은 양의 차전자피 분말을 사용해야
합니다. 하지만 차전자피만으로 구조를 잡게
되면 반죽의 색이 어두워지고 식감이 무거워질
수 있어요. 홍국쌀가루나 말차 등을 소량 사용
해 반죽의 색을 보완하는 것도 방법입니다. 이
때 색 보완용 분말은 전체 가루 대비 1~3% 이
내로 사용해야 안전하게 구조와 질감을 유지할
수 있습니다.

STEP 3	굽기

❶ 반죽에 칼집을 낸 뒤 고온의 스팀 환경에 넣어야 껍질이 바삭하고 속도 가볍게 구워집니다.

16 2차 발효를 마친 반죽 윗면에 쌀가루를 체쳐 뿌린다. 쌀바게트 특유의 질감을 표현하는 방법이다.

17 쿠프 칼을 사용해 반죽 중앙에 길게 일자 모양의 칼집을 낸다.

18 칼을 눕혀서 한 번 더 칼집을 따리 살짝 벌린디.
　+ 한 번에 과감하게 넣어야 매끈하게 갈라진다.

19 오븐을 230℃에서 충분히 예열한 뒤, 200℃로 낮춰 약 15분간 굽는다. 구운 쌀바게트는 식힘망에 올려 충분히 식힌다.

20 식힌 쌀바게트의 절개선을 따라 깊게 칼집을 내어 크림을 충전할 공간을 만든다.

STEP 4	크림 충전

❶ 양파는 볶고나서 크림치즈와 섞어야 맛이 자연스럽게 어우러집니다.

21 오일을 살짝 둘러 중불에서 양파를 천천히 단맛이 나도록 볶아 소금, 후춧가루로 간한다.

22 실온에 둔 크림치즈를 핸드믹서로 덩어리가 남지 않게 푼다.

23 슈가파우더를 넣고 약 30초간, 생크림을 넣고 약 10초간 중속으로 휘핑한다.

24 마지막으로 볶은 양파를 넣고 주걱으로 고르게 섞는다.

25 준비한 어니언 크림치즈를 짤주머니에 담아 쌀바게트의 칼집 사이에 짜넣는다.

먹물롤치즈 쌀바게트

오징어 먹물의 짙은 색감과 롤치즈의 컬러 대비가 돋보이는 글루텐 프리 쌀바게트입니다. 쌀탕종으로 수분을 안정시켜 쌀반죽 특유의 거친 질감을 줄였어요.

INFORMATION

공정	반죽 > 1차 발효 > 성형 > 2차 발효 > 굽기
성형 사이즈	지름 약 15cm
반죽량	약 230g×2개
최종 반죽 온도	26~28℃
발효 완료점	지름이 약 2cm 커졌을 때
굽기	230℃ 예열→200℃/18~20분

INGREDIENT

가루류	박력쌀가루 215g, 차전자피 분말 10g, 소금 4g
이스트	드라이이스트 6g, 미지근한 물 90g
액체류	먹물 3g, 액상 알룰로스 10g 또는 설탕 7g
추가	글루텐 프리 쌀탕종 100g **만드는 법 105P 참고**, 버터 30g, 롤치즈 50g

STEP 1 | 반죽&1차 발효

❶ 글루텐 프리 반죽은 쉽게 끊어지므로, 힘으로 당기기보다 넓게 펴고 접는 동작을 반복하는 게 중요합니다.

1 반죽 작업에 앞서 글루텐 프리 쌀탕종을 준비한다.

2 먹물은 미지근한 물에 풀어준다. 반죽에 얼룩이 생기지 않도록 충분히 섞는다.

3 먹물이 풀리면 이스트를 넣고 거품기로 푼다.

4 믹싱볼에 가루류를 넣고 먹물+이스트 혼합액과 글루텐 프리 쌀탕종을 더해 주걱으로 가볍게 섞는다.

5 버터를 한 번에 넣고 주걱으로 바닥까지 꼼꼼히 긁어가며 섞는다.

➕ 수분 흡수력이 강한 차전자피는 반죽 초기 단계에서 고르게 섞어야 특정 부분에 점성이 과도하게 생기지 않는다. 한 곳에 뭉치지 않도록 주의한다.

6 반죽이 덩어리로 모이면 작업대로 옮겨 손으로 치대기 시작한다. 반죽을 넓게 펴고 위치를 바꿔가며 치대야 내부까지 수분이 고르게 스며든다.

➕ 혼합 과정에서 수분이 고르게 흡수되면서 성형 시 반죽이 쉽게 끊어지지 않도록 돕는다.

7 반죽을 둥글려 표면을 정리한 다음 볼에 담아 천이나 랩으로 덮은 뒤 온도 30℃, 습도 80%의 조건에서 약 40분간 발효한다. 1차 발효의 목표는 약 10-15% 정도의 미세한 팽창이다.

➕ 실내 온도가 낮을 때는 컵에 60~70℃ 정도의 뜨거운 물 200㎖를 담아 오븐 안에 반죽과 함께 넣어 따뜻한 환경을 만든다. 물은 끓는 직후보다 김이 오르는 정도가 적당하다.

❶ 2차 발효의 완성 시점은 성형한 반죽의 지름이 약 2cm 정도 커졌을 때입니다.

8 1차 발효를 마친 반죽을 230g씩 분할한다.

9 밀대로 길이 약 15cm의 타원형으로 편다. 두께가 균일해야 구운 후 고른 내부 결이 형성된다.

10 치즈는 양끝까지 고르게 분포되도록 길게 놓는다.

11 반죽을 위에서 한 번 말고 양쪽 반죽을 감싸 아래 방향으로 단단히 말아준다.

12 이음매는 손끝으로 눌러 봉합하고, 양끝은 살짝 둥글게 다듬어 모양을 정리한다.

13 성형한 반죽 위에 천을 덮고 온도 30℃, 습도 80%의 조건에서 약 1시간 발효한다.

❶ 먹물의 짙은 색을 살리고, 쿠프가 선명하게 갈라지도록 굽는 것이 목표입니다.

14 발효가 끝난 반죽 위에 쌀가루를 체에 쳐 뿌린다.

15 쿠프 칼로 반죽 상단 중앙에 길게 쿠프를 넣은 뒤, 그 칼선을 따라 옆으로 한 번 더 깊게 칼집을 낸다.

➕ 쿠프가 너무 얕으면 굽는 동안 표면이 불규칙하게 퍼질 수 있다. 반죽의 중앙에 깊게 넣어 방향을 잡아준다.

16 230℃로 예열한 오븐에 팬을 넣고 바로 200℃로 낮춰 18~20분간 구워 식힌다.

➕ 예열이 부족하면 굽기 초기에 반죽의 팽창성이 약해져 옆으로 퍼지기 쉽다.

핫포테이토 쌀바게트

매콤한 포테이토 소를 듬뿍 넣은 바게트입니다. 폭신한 감자에 레드페퍼가 포인트가 되어줍니다. 감자를 아낌없이 넣어 한 끼 식사로도 충분해요.

INFORMATION

공정	소 준비 > 반죽 > 1차 발효 > 성형 > 2차 발효 > 굽기
성형 사이즈	지름 7~8cm
반죽량	약 60g×8개
최종 반죽 온도	26~28℃
발효 완료점	성형 지름에서 +1cm 이상 발효 시
굽기	230℃ 예열→200℃/12분

INGREDIENT

가루류	박력쌀가루 215g, 차전자피 분말 10g, 체다치즈파우더 또는 황치즈 분말 15g, 삶은 감자 20g, 소금 4g
이스트	드라이이스트 6g, 미지근한 물 90g
액체류	액상 알룰로스 10g 또는 설탕 7g
추가	글루텐 프리 쌀탕종 100g **만드는 법 105P 참고**, 버터 25g
소	삶은 감자 200g, 크림치즈 60g, 크러시드 레드페퍼 8g, 마요네즈 10g, 슈레드치즈 20g, 소금 0.3g, 설탕 7g, 후춧가루 약간

<table>
<tr><td>PRE-MAKE</td><td>소 : 핫포테이토</td></tr>
</table>

PRE-MAKE | 소 : 핫포테이토

❗ 핫포테이토는 2시간 이상 냉장 보관해두어야 성형이 수월해집니다.

01 감자의 껍질을 벗겨 포크가 부드럽게 들어갈 정도로 삶은 뒤 으깨어 식힌다.

02 믹싱볼에 으깬 감자와 크림치즈를 넣고 핸드 믹서로 중속에서 약 1분간 믹싱한다.

➕ **충분히 익힌 감자와 실온 상태의 크림치즈가 만나야 부드럽게 섞인다.**

03 크러시드 레드페퍼, 마요네즈, 슈레드치즈, 소금, 설탕, 후춧가루를 넣고 한 번 더 믹싱한다.

04 재료가 골고루 섞이면 종이포일이나 랩으로 돌돌 말아 사용 전까지 냉장 보관한다.

STEP 1 | 반죽

❗ 감자는 따뜻할 때 체에 내려야 더 곱게 풀립니다. 덩어리가 남으면 반죽에 고르게 섞이지 않아요.

1 미지근한 물에 이스트를 풀어준 뒤, 액상 알룰로스를 넣어 섞는다.

2 삶은 감자는 고운체에 내려 준비한다.

3 믹싱볼에 가루류를 넣고 거품기로 고르게 섞은 다음 체에 거른 감자를 넣는다.

4 이스트 혼합액과 글루텐 프리 쌀탕종을 넣고 주걱으로 수분이 고르게 흡수될 때까지 섞는다.

➕ **가루류 속 차전자피 분말에 수분이 충분히 흡수된 뒤 버터를 넣어야 고르게 뭉친다.**

5 실온 버터를 한 번에 넣고 손으로 반죽이 고르게 섞이도록 충분히 치대어 한덩어리로 만든다.

STEP 2 | **1차 발효&성형**

❗ 감자와 치즈 분말이 들어가면서 반죽이 한결 부드럽게 느껴집니다. 글루텐 프리 반죽 특유의 거친 느낌이 줄어들어 성형도 조금 더 수월해져요.

6 반죽이 하나로 뭉치면 작업대 위로 옮겨 바닥에 넓게 치댄다. 치대는 동안 표면이 매끈해지고 반죽이 점차 안정된다.

7 반죽이 완전히 매끈해지면 둥글려 표면을 정리한다. 반죽의 표면과 밀도를 고르게 정리해두면 성형 시 다루기가 훨씬 수월해진다.

8 반죽을 볼에 담아 랩으로 덮고 온도 30℃, 습도 80%의 조건에서 약 40분간 발효한다. 이때 발효는 약 10-15% 정도의 미세한 팽창만 확인되면 충분하다.
＋ 발효의 목적은 크게 부풀리는 것이 아니라 성형이 가능할 정도의 유연성과 안정성을 확보하는 데 있다.

9 1차 발효가 끝난 반죽을 스크래퍼로 약 60g씩 분할한다. 균일한 용량으로 분할해야 이후 성형과 굽기 과정에서 형태가 고르게 나온다.

10 분할한 반죽을 둥글린 후 미리 만들어 냉장 보관해둔 핫포테이토 소를 꺼내 준비한다.

11 둥글린 반죽을 만두피를 만들 듯 밀대로 둥글고 납작하게 밀어준다.
＋ 가장자리는 중앙보다 조금 얇게 펴야 깔끔하게 소를 넣고 봉합되어 구울 때 터질 확률도 줄어든다.

12 준비한 핫포테이토 소를 40g씩 반죽 중앙에 올린다.

STEP 3 | 2차 발효

❗ 발효 시간마다 반죽의 크기 변화를 기준으로 상태를 판
단합니다.

13 중앙의 소를 감싸듯 사방의 반죽 끝을 모아 봉합한다.
봉합 부분은 확실히 꼬집어 정리해야 굽는 동안 벌어
지지 않는다.

14 봉합이 끝난 반죽을 둥글려 매끈하게 정리한다.
✚ **봉합선을 아래로 두고 둥글리면 표면이 고르게 정리되어
굽는 과정에서 모양이 흐트러지지 않는다.**

15 성형한 반죽을 팬 위에 놓은 뒤 약 1시간 정도 발효한
다. 성형 지름보다 약 1cm 정도 커지면 발효를 마친다.
✚ **냉장 상태의 필링을 넣으면 반죽 온도가 일시적으로 낮아
져 발효 시간이 다소 길어질 수 있다. 시간보다 팽창 상태를
기준으로 판단한다.**

🌿 **POINT**

소는 차갑게 준비

핫포테이토 소가 차가울수록 점도가 높아져 성
형 시 반죽 밖으로 밀려 나오지 않고 봉합도 더
깔끔하게 정리됩니다. 또한 봉합이 안정되면
굽는 동안에도 내용물이 퍼지거나 새어나올 가
능성이 줄어들어 완성 후 형태까지 깔끔하게
유지됩니다. 핫포테이토 소는 사용 직전까지
냉장 상태를 유지해 주세요.

STEP 4 | 굽기

❗ 글루텐프리 반죽은 예열이 부족한 오븐에 들어가면 초기 팽창력이 약해져 형태가 흐트러지기 쉽습니다.

16 2차 발효를 마친 반죽 윗면에 쌀가루를 체에 쳐 덧가루로 뿌린다.

✚ 덧가루를 뿌리면 반죽 표면의 수분이 정리되어 쿠프가 선명하게 잡히고 구운 뒤 질감도 또렷해진다.

17 쿠프 칼을 이용해 반죽 윗면에 열십자 모양으로 깊게 칼집을 낸다.

18 칼집낸 반죽을 사면으로 벌려 모양을 정리한다.

✚ 굽는 동안 칼집이 자연스럽게 벌어지면서 안쪽의 핫포테이토 소가 드러나 시각적으로 더욱 돋보인다. 만약 칼집이 제대로 열리지 않는다면 발효가 부족했거나 칼집 깊이가 부족한 것이 원인일 수 있다.

19 준비된 반죽을 230℃로 예열한 오븐에 넣고, 200℃로 낮추어 약 12분간 굽는다.

20 구운 직후에는 팬에서 바로 빵을 꺼내어 식힘망에 올려 충분히 식힌다.

✚ 뜨거운 상태에서 밀폐하면 감자 소의 수분이 껍질에 스며들어 식감이 눅눅해질 수 있으므로 완전히 식힌 후 보관한다.

gluten

강력쌀가루를 활용한 제빵법

- 제빵용 프리믹스인 강력쌀가루로 반죽 완성
- 글루텐 기반의 구조 안정형 제빵법
- 활성글루텐 함유량 15~18%
- 쌀가루 반죽에 점탄성 확보
- 구조 안정성과 기공 형태 유지에 유리
- 쫄깃한 식감과 안정적인 볼륨 형성
- 밀가루에 가까운 식사빵 식감 구현
- 쌀의 소화·흡수 특성은 그대로 유지
- 발효 및 반죽 공정에서 전문적인 접근 가능
- 식사빵에 적합, 카페 및 매장용 메뉴로 추천

blending

책 속 사용 재료

강력쌀가루 → 햇쌀마루 국내산 강력쌀가루, 햇방아 제빵용 쌀가루

DIY용 쌀가루 → 햇쌀마루 박력쌀가루

활성글루텐 → 선인 프랑스산 활성글루텐

이스트 → 샤프 세미 드라이이스트 또는 인스턴트 드라이이스트

탕종우유 쌀식빵

쌀식빵 중에서도 큰 사이즈의 식빵으로, 두툼하게 썰어 토스트나 샌드위치로 즐기기 좋습니다. 반죽에 쌀탕종을 사용해 촉촉함과 부드러운 식감이 오래 유지되어요.

INFORMATION

공정	반죽 > 분할·벤치타임 > 성형 > 발효 > 굽기
틀	17×12.5×12.5cm 1/2 대식빵 틀
반죽량	약 320g×4개(식빵 틀 2개 분량)
최종 반죽 온도	26~28℃
발효 완료점	틀 상단 기준 1cm 위 도달 시
굽기	160℃/30분

INGREDIENT

가루류	강력쌀가루 600g, 탈지분유 23g, 설탕 53g, 소금 10g
이스트	드라이이스트 8g
액체류	우유 300g, 물 150g
추가	강력쌀가루 쌀탕종 75g, 버터 90g

PRE-MAKE	강력쌀가루 쌀탕종

❗ 퍼석해지기 쉬운 쌀가루 제빵의 단점을 보완하는 유용한 기법입니다.

01 물과 강력쌀가루를 각각 4:1 비율로 준비한다.

02 냄비에 넣어 거품기로 덩어리가 없도록 푼 뒤 중불에서 계속 저어가며 가열한다.

03 점성이 생기고 되직해지면 불을 끄고 주걱으로 냄비 바닥과 옆면에 붙은 것까지 최대한 긁어 모은다. 한덩어리로 정리해 완전히 식혀 반죽에 사용한다.

✚ 쌀탕종은 반드시 식힌 후 반죽에 넣는다. 뜨거운 상태의 쌀탕종을 바로 넣으면 반죽 온도가 상승해 이스트의 활성에 영향을 미칠 수 있다.

STEP 1	반죽

❗ 초기 글루텐 형성 단계에서는 저속으로 믹싱해 가루와 수분이 고루 섞이도록 합니다.

1 가루류와 액체류를 각각 준비한다.

✚ 이스트는 가루류에 먼저 넣어 함께 체친 뒤 액체류를 넣어야 고르게 섞인다.

2 가루류에 액체류를 한 번에 붓고 저속으로 3분간 믹싱한다.

3 가루와 액체가 완전히 섞이면 강력쌀가루 쌀탕종을 추가하고 저속으로 3분 더 믹싱한다.

4 버터를 넣고 저속으로 3분간 돌려 완전히 반죽에 흡수시킨다. 믹싱 시간보다 버터가 반죽에 고르게 섞였는지를 확인한다.

<table>
<tr><td colspan="2">

</td><td colspan="2">

</td></tr>
</table>

STEP 1 　반죽

❗ 시간보다 반죽의 질감으로 판단합니다. 소형 반죽기라면 중속보다 1~2단계 높은 속도로 사용해요.

5　버터가 완전히 흡수되면 중속으로 7~10분간 믹싱한다. 매끄럽고 광택이 돌면 멈춘다.

6　완성한 반죽을 천천히 당겨본다. 탄력있고 부드럽게 늘어나면 적정 상태이다.
➕ 반죽 표면이 매끈하고 쉽게 끊어지지 않아야 탄성과 신장성이 확보된다.

7　윈도우페인 테스트를 실시한다. 지문이 살짝 비칠 정도로 투명하면 완성이다.
➕ 반죽이 찢어지거나 표면이 거칠고 불규칙하다면 중속으로 1~2분간 추가로 믹싱한다.

STEP 2 　분할·벤치타임

❗ 벤치타임은 반죽의 긴장을 풀어 성형 시 수축을 막기 위한 휴지 단계입니다.

8　반죽 믹싱이 오버되지 않았는지 체크한다. 글루텐이 과도하게 형성되면 결과물이 무너질 수 있다.

9　반죽을 320g씩 분할해 손바닥으로 감싸듯 둥글린다. 분할 후 반죽이 남았다면 각각 고르게 나누어 무게를 맞춘다.
➕ 균일한 분할은 굽는 과정에서 빵의 높이와 모양의 차이를 최소화해준다.

10　둥글리기한 반죽은 실온에서 5~10분간 벤치타임을 갖는다.
➕ 쌀반죽은 벤치타임이 길어지면 늘어질 수 있으므로 상태를 보며 짧게 조절한다.

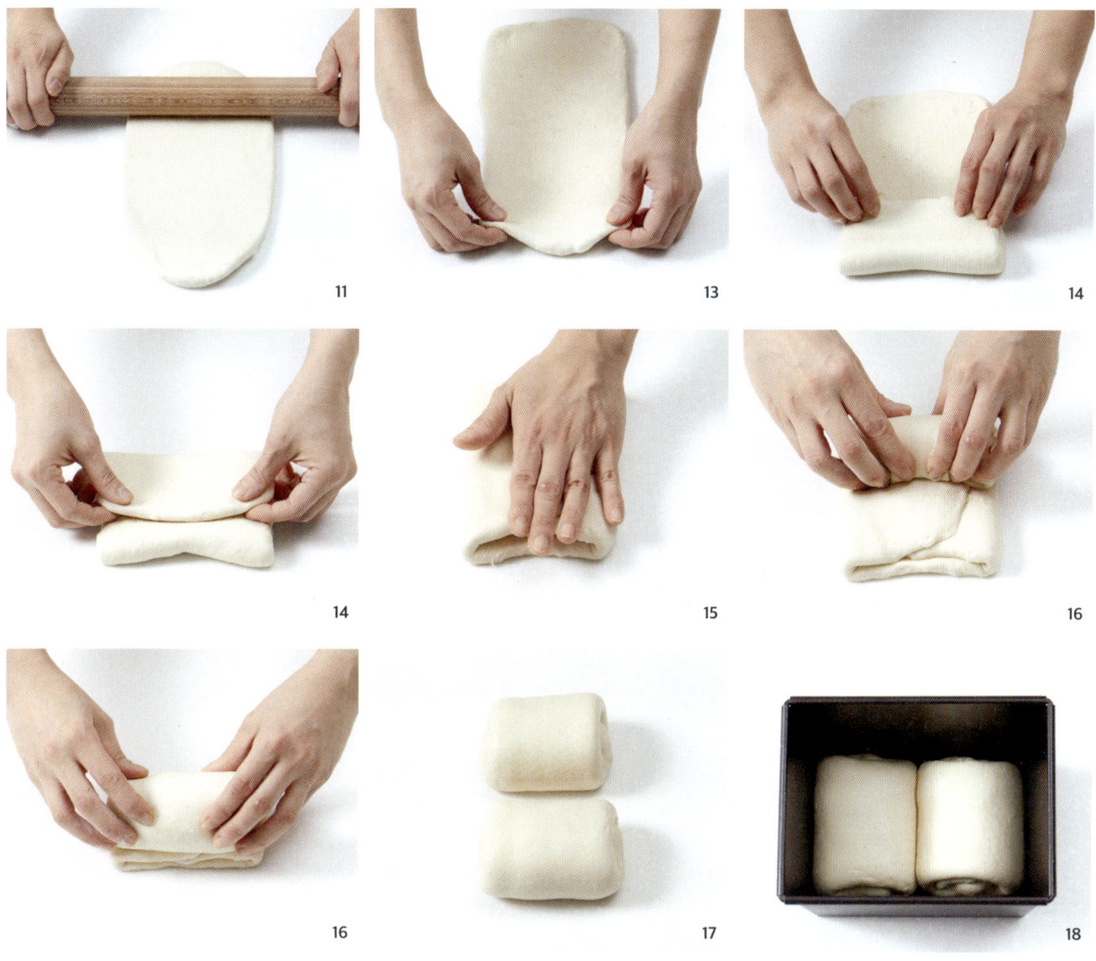

STEP 3 | 성형&발효

❶ 식빵의 모양과 결을 결정하는 중요한 과정입니다. 반죽을 너무 느슨하게 다루면 퍼지기 쉽고, 반대로 과하게 다루면 팽창이 어려워 발효 속도가 느려질 수 있습니다.

11 벤치타임이 끝난 반죽을 위아래로 밀어 균일한 두께로 편다. 너무 힘을 주기보다 일정한 압력으로 밀어 내부의 큰 기포를 정리한다.

12 반죽을 뒤집어 매끄러운 면이 아래로 향하게 놓는다.

13 반죽의 모서리 부분을 가볍게 당겨 사각모양으로 정리한다.

14 반죽 상단의 약 1/3 지점을 접어내린 뒤 다시 위로 올려 삼절접기를 한다.

15 접은 반죽의 표면을 부드럽게 눌러 높이를 일정하게 다듬는다.

16 반죽의 아랫부분부터 돌돌 말아 중심을 잡는다.
✚ 반죽이 밀착되도록 일정한 힘으로 말아야 발효 시 균일한 높이로 팽창된다.

17 굽는 동안 반죽이 벌어지지 않도록 이음매를 단단히 봉합한다.
✚ 쌀반죽은 굽는 동안 터지기 쉬워 더 단단하게 봉합한다.

18 완성한 반죽 두 덩이를 팬에 담고 가볍게 눌러 모양을 정리한다. 온도 30~35℃, 습도 75~80%의 조건에서 약 60~80분간 발효를 진행한다.
✚ 반죽이 팬 안에서 안정적으로 자리잡아야 굽는 동안 균형 잡힌 형태가 유지된다.

<table>
<tr><td>**STEP 4**</td><td>**굽기**</td></tr>
</table>

❶ 굽기 완료 시점은 전체적으로 균일한 갈색이 나왔는지를 기준으로 판단합니다.

19 반죽이 틀 상단 약 1cm 정도 높아지면 발효 완료 시점이다.

✚ 쌀가루 반죽은 과발효에 민감하므로 제시된 시간보다 5~10분 정도 빨리 확인하는 것이 좋다.

20 달걀을 곱게 풀어 붓솔로 반죽 윗면에 얇게 바른다. 두껍게 바르지 않도록 주의한다.

21 오븐을 160℃로 충분히 예열한 후, 반죽을 넣고 약 30분간 굽는다.

22 오븐에서 꺼낸 직후 틀째로 바닥에 1~2회 가볍게 쳐서 내부 수증기를 배출한 뒤, 빵을 바로 분리해 식힘망에 올린다. 이 과정은 빵의 형태 유지와 내부 수분 정리에 도움이 된다.

❀ POINT

탕종우유 쌀식빵 공정별 체크 포인트

반죽 완성 : 최종 반죽 온도가 26~28℃ 범위에 도달해야 발효가 안정적으로 진행됩니다.

벤치타임 : 둥글리기 후 약 10분간의 휴지 단계로, 반죽의 긴장을 풀어 성형성을 높여줍니다. 표면이 이완되고 수축이 줄어들면 성형을 시작할 적정 상태입니다.

발효 완료점 : 반죽이 틀 상단 기준 약 1cm 정도까지 올라오면 적정 발효 상태입니다. 시간보다 완료 지점을 기준으로 판단합니다.

굽기 색상 : 겉면이 고르게 진한 갈색을 띠면 굽기 완료 상태입니다.

저당 쌀식빵

설탕 대신 알룰로스를 사용한 쌀식빵 레시피입니다. 일반 식빵보다 당류 부담을 낮추면서 맛의 균형을 유지해, 매일 가볍게 즐길 수 있습니다.

INFORMATION

공정	반죽 > 분할·벤치타임 > 성형 > 발효 > 굽기
틀	9×9cm 큐브식빵 틀
반죽량	300g×3개(식빵 틀 3개 분량)
최종 반죽 온도	26~28℃
발효 완료점	틀 상단 기준 1cm 위 도달 시
굽기	170℃/약 23분

INGREDIENT

가루류	강력쌀가루 416g, 탈지분유 16g, 소금 7.5g
이스트	드라이이스트 5g
액체류	우유 208g, 물 105g, 액상 알룰로스 30g
추가	강력쌀가루 쌀탕종 50g **만드는 법 123P 참고**, 버터 62g

STEP 1 | 반죽&분할·벤치타임

❗ 저당 쌀식빵은 일반 식빵에 비해 가루 대비 수율이 높고 수분 보유력이 커, 반죽이 빠르게 끈적해질 수 있습니다. 최종 반죽 온도가 약 26~28℃로 유지되도록 믹싱 속도와 시간을 세심하게 조절해주세요.

1 가루류와 이스트는 체치고 액체류는 7~10℃로 차갑게 준비한다. 알룰로스는 액상형을 사용해야 반죽의 흡수율을 녹이고 믹싱도 균일해진다.

2 가루류에 액체류를 부어 저속으로 3분간 믹싱한다.

　➕ 믹싱 초기 단계 · 글루텐 형성보다 가루 입자 전체에 수분을 균일하게 흡수시키는 게 목적이다.

3 강력쌀가루 쌀탕종을 넣고 저속으로 3분 믹싱한 뒤, 버터를 추가해 그대로 저속에서 3분간 더 믹싱한다.

4 반죽에 버터가 흡수되면 중속 5~7분간 믹싱한다.

　➕ 믹싱 중기 단계 : 반죽이 볼 벽면에서 완전히 떨어지고 매끈해지면 이상적이다. 반죽이 끈적이면 1~2분 더 진행한다.

5 반죽의 표면이 매끄럽고 은은한 윤기가 돌며, 손으로 부드럽게 늘어나면 믹싱을 종료한다.

　➕ 믹싱 후기 단계 : 윈도우페인 테스트에서 얇은 막이 보이면 충분한 글루텐망이 형성된 상태이다. 이때 최종 반죽 온도는 약 26~28℃이다.

6 덧가루를 살짝 뿌려 반죽을 300g씩 분할한 다음 표면이 팽팽해지도록 둥글린다.

7 실온에서 약 5~10분간 벤치타임을 준다.

　➕ 외부 온도가 28~30℃ 이상이면 5분 이내로 짧게, 22℃ 이하라면 최대 20분까지 충분히 휴지시킨다.

❶ 쌀제빵 성형에서는 벤치타임 후 반죽을 밀대로 밀어 가스를 충분히 빼주는 과정이 필요합니다.

8 밀대로 밀어 가스를 빼고 일정한 두께로 민다.

9 반죽의 위아래를 바꾸고 삼절접기를 한다.

10 반죽을 가로에서 세로 방향으로 돌려 일정한 힘으로 돌돌 말아준다.

11 끝 지점의 이음매를 손끝으로 단단히 봉합한다.

12 반죽을 틀에 넣고 손등으로 가볍게 눌러 표면을 평평하게 정리한다.

13 온도 30~35℃, 습도 75~80%의 조건에서 약 60분간 발효한다. 오븐의 발효 기능(30℃)이나 따뜻한 물을 담은 밀폐용기 활용도 가능하다.

STEP 3 | 굽기

❶ 저당 반죽은 효모의 초기 활성과 발효 속도가 일반 반죽에 비해 다소 느릴 수 있습니다.

14 반죽이 틀 상단 기준 약 1cm 위까지 부풀어오르면 발효 완료 시점이다.

✚ 쌀가루 기반의 저당 반죽은 정해진 발효 시간보다 반죽의 부피와 표면 상태를 기준으로 판단하는 것이 중요하다.

15 반죽 표면에 달걀물을 얇게 바른다.

16 170℃로 예열한 오븐에서 약 23분간 굽고, 꺼낸 즉시 틀에서 빵을 분리해 완전히 식힌다.

쌀시나몬롤

따뜻한 버터 향과 시나몬의 은은한 향이 어우러진 쌀시나몬롤입니다. 막 구워낸 롤 위에 크림치즈 프로스팅을 바르면 부드러운 단맛과 산뜻한 산미가 균형을 이뤄요.

INFORMATION

공정	프로스팅 준비 > 반죽 > 분할·벤치타임 > 성형 > 발효 > 굽기
틀	23×17×4.5cm
반죽량	총 667g / 9조각
최종 반죽 온도	26~28℃
발효 완료점	성형 완료 부피 기준 약 2배
굽기	170℃ / 16분

INGREDIENT

가루류	강력쌀기루 320g, 설탕 48g, 소금 4g
이스트	고당용 드라이이스트 5g
액체류	우유 130g, 물 100g
추가	버터 60g
필링	부드러운 버터 25g, 비정제 설탕 40g, 시나몬파우더 5g
프로스팅	크림치즈 100g, 슈가파우더 25g, 생크림 15g, 마스카포네치즈 40g, 시나몬파우더 0.5g

PRE-MAKE	크림치즈 프로스팅

❶ 단단한 블록형 크림치즈를 사용해야 흐르지 않고 안정적인 질감이 유지됩니다.

01 크림치즈는 냉장고에서 꺼내 실온에 10분 정도 두어 부드럽게 만든다.
  + 크림치즈가 차가우면 덩어리가 남아 매끈한 프로스팅을 만들기 어렵다.

02 볼에 크림치즈를 넣고 중속으로 덩어리를 풀어준다. 남은 재료를 모두 넣고 저속으로 믹싱한 뒤, 중속으로 전환해 약 30초간 믹싱해 질감을 균일하게 만든다.

03 완성 후 랩으로 덮어 냉장 보관한다. 사용 직전 꺼내 가볍게 저어주면 질감이 유지된다.

STEP 1	반죽&분할·벤치타임

❶ 설탕과 버터 함량이 높은 반죽으로, 충분한 믹싱과 반죽의 온도 관리가 핵심입니다.

1 가루류와 이스트를 체쳐 섞은 뒤 액체류를 부어 3분간 저속 믹싱한다.

2 버터를 넣고 저속으로 3분간 섞어 버터가 완전히 흡수되면 중속으로 올려 8~10분간 믹싱한다.
  + 반죽이 매끄럽고 탄력이 생기며, 볼 벽면에서 깔끔하게 떨어지면 적정 상태이다.

3 반죽을 늘려 보았을 때 지문이 비칠 정도로 얇게 막이 형성되면 반죽을 하나로 둥글려 정리한다.

4 냉장고에서 20분간 벤치타임을 주어 반죽 특유의 끈적임과 점성을 안정시킨다.

STEP 2	**성형**	

⚠ 수분 함량이 높은 반죽이므로 냉장 벤치 후 빠르게 성형을 진행해야 형태가 안정됩니다.

5 냉장 휴지한 반죽을 꺼내 세로 방향으로 길게 민 뒤 방향을 바꾸어 다시 민다.

6 반죽이 28×28cm 크기의 정사각형이 되면 부드러운 버터를 전체에 고르게 바른다.

7 비정제 실탕과 시나몬파우더를 섞은 필링을 전체적으로 얇고 균일하게 뿌린다.

8 아래쪽에서부터 일정한 힘으로 말아올리고 끝 이음매를 손끝으로 마무리한다.

➕ **봉합이 느슨하면 발효 중 가스가 빠져나가 모양이 흐트러지므로 손끝으로 확실히 눌러 마감한다.**

9 롤 형태의 반죽을 9등분으로 균일하게 자른다.

STEP 3	**발효 & 굽기**	

⚠ 9등분한 반죽 사이에 충분한 간격을 두어야 반죽이 고르게 부풀고 형태가 흐트러지지 않습니다.

10 유산지를 깐 틀에 간격을 두고 올려 온도 30℃, 습도 80%의 조건에서 약 1시간 발효한다.

11 170℃로 예열된 오븐에서 약 16분간 굽는다.

➕ **황갈색이 될 때까지 충분히 굽는다. 단, 과도하게 구우면 내부 수분이 빠져나가 촉촉한 식감이 줄어들 수 있다.**

12 시나몬롤이 완전히 식으면 준비한 크림치즈 프로스팅을 윗면에 바른다.

➕ **크림치즈 프로스팅에 바닐라빈 페이스트 1g을 추가하면 향이 한결 고급스러워진다.**

13 냉장 보관한 뒤 전자레인지에 약 10초 정도 짧게 데우면 촉촉하게 즐길 수 있다.

플레인 쌀치아바타

수분 함량이 높은 반죽을 구워내 쌀가루 특유의 쫀득함과 촉촉한 식감이 매력적입니다. 샌드위치나
브런치 메뉴에 활용해도 좋아요.

INFORMATION

공정	반죽 > 1차 발효 > 성형 > 2차 발효 > 분할 > 3차 발효 > 굽기
반죽량	전량 / 6등분
최종 반죽 온도	23~25℃
발효 완료점	3차 발효 시작 후 약 40분
굽기	230℃ 예열→200℃ / 8~10분

INGREDIENT

가루류	강력쌀가루 600g, 설탕 25g, 소금 11g
이스트	드라이이스트 5g
액체류	물 480g
토핑	올리브오일 20g

STEP 1 | 반죽&1차 발효

❶ 쌀치아바타 반죽은 수분 함량이 높고 조직이 약해 반죽이 매우 부드럽고 점성이 강합니다. 반죽이 매끄러워지고 탄력이 생기며 얇은 막이 형성되면 적정 상태입니다.

1 소금을 제외한 가루류와 이스트를 미리 체에 쳐 수분 흡수율이 균일해지도록 준비한다.

2 차가운 물을 미리 섞어둔 가루류에 붓는다.
✚ 반죽에 찬물을 넣으면 믹싱 중 반죽 온도가 과도하게 오르는 것을 막아 최종 반죽 온도가 30℃를 넘지 않도록 돕는다.

3 반죽기를 저속으로 약 3분간 돌려 가루에 물이 충분히 흡수되도록 한다.

4 소금을 넣고 중속으로 전환해 약 6~8분간 믹싱한다.
✚ 가루와 물을 먼저 충분히 섞은 뒤에 소금을 넣어야 반죽이 더 균일하게 섞인다.

5 반죽에서 작은 조각을 떼어 두 손가락으로 천천히 늘려본다. 얇은 막이 찢어지지 않고 반투명하게 펼쳐지면 적정 상태이다.

6 반죽 마무리 단계에서 올리브오일을 넣고 믹싱한다. 올리브오일이 완전히 흡수되면 완성이다.

7 발효통에 올리브오일을 살짝 바른 뒤, 완성한 반죽을 담는다.

8 반죽이 약 2~3배로 부풀 때까지 실온에서 80~90분간 1차 발효한다. 공기층이 형성되면서 치아바타 특유의 기공 구조가 만들어진다.

STEP 2 | 성형 & 2차 발효

❗ 쌀치아바타의 기공 구조는 '기포를 얼마나 안정적으로 유지하느냐'에 따라 달라집니다. 기공이 과하게 무너지지 않도록 반죽을 가볍게 다뤄야 합니다.

9   1차 발효가 끝난 반죽 위에 덧가루를 뿌린 후, 반죽을 뒤집어 스크래퍼로 부드럽게 분리한다.

10 검지와 중지로 반죽 전체를 눌러가며 기포를 빼주면서 45×36cm 크기의 직사각형으로 펼친다.
    ✚ **기포를 너무 강하게 빼면 내부 밀도가 높아지고, 너무 약하게 빼면 기공이 과도하게 커질 수 있다.**

11 반죽의 양쪽을 맞추어 길게 반으로 접는다.
    ✚ **반죽의 점성이 높아 한 번 붙으면 떼기 어렵기 때문에 끝 부분을 정확히 맞추어 단단히 붙여야 한다.**

12 반죽 표면을 손가락으로 눌러 기공을 정리한다. 손끝으로 가볍게 눌러 붙여야 반죽이 균일하게 접착된다.

13 반죽의 위아래를 각각 삼절접기를 한다.
    ✚ **반죽 길이가 길어 이동이 어려우므로 삼절로 접어 캔버스 천으로 옮기기 쉽게 만든다.**

14 준비한 캔버스 천에 덧가루를 얇게 뿌린 뒤 반죽을 올려 다시 펼진다. 덧가루를 너무 두껍게 뿌리면 구웠을 때 껍질이 두꺼워지기 쉽다.

15 캔버스 천을 덮고 28℃ 내외의 실온에서 30~40분간 2차 발효한다. 원래 높이보다 약 1cm 정도 부풀면 2차 발효 완료 시점이다.
    ✚ **이 단계에서 내부 기포가 고르게 팽창하며, 치아바타 특유의 큰 기공이 형성된다.**

138

13

14

15

완성한 쌀치아바타의 높이가 낮은 이유

CHECK 01 과발효 여름철에는 온도가 높아 발효 속도가 빠르므로 2차·3차 발효를 제시된 시간보다 짧게 조절해 과발효를 방지해야 합니다. 반대로 겨울철에는 내부 기포가 충분히 팽창되도록 3차 발효 시간을 10~20분 정도 추가로 늘려줍니다.

CHECK 02 펀칭 단계 2차 발효 전 펀칭 단계에서 기포를 과도하게 제거하면 반죽 내부에 새로 형성될 공기층 자체가 줄어들어 굽기 후 볼륨과 높이가 낮아질 수 있습니다. 기포는 눌러 없애기보다는 균일하게 분산시키는 정도가 적당합니다.

CHECK 03 반죽 펼침 크기 제시된 사이즈보다 반죽을 지나치게 넓게 펼치면 두께가 얇아지면서 내부 가스가 위로 팽창할 공간이 부족해집니다. 치아바타 특유의 높이를 살리려면 반죽의 가로·세로 비율을 지키고, 두께를 유지한 상태에서 성형합니다.

16

17

18

18

19

19

20

STEP 3	분할 & 3차 발효

❗ 원래 반죽 높이에서 약간 부풀어오른 상태가 발효 완료 시점입니다.

16 2차 발효가 끝난 반죽은 캔버스 천을 잡고 들어 올려 조심스럽게 바닥에 내려놓는다.

17 반죽 단면이 무너지지 않도록 날카로운 칼이나 스크래퍼를 사용해 6등분한다.
+ 절단 시 칼날을 누르듯이 끊어야 기공이 유지된다. 밀면서 자르면 옆면이 눌려 구조가 무너진다.

18 자른 반죽을 테프론시트 위로 옮긴 뒤 천을 다시 덮어준다. 반죽을 실온(28~30℃), 습도 70%의 조건에서 30~40분간 3차 발효한다.
+ 3차 발효를 거치면서 내부의 기포가 고르게 자리잡아 치아바타 특유의 크고 불규칙한 기공이 형성된다.

STEP 4	굽기

❗ 충분한 스팀과 높은 열을 이용해 초기에 빠르게 구워야 볼륨감 있는 구조가 형성됩니다.

19 3차 발효가 완료된 반죽은 테프론시트 위로 옮겨 굽기를 준비한다.

20 오븐을 230℃까지 충분히 예열한 뒤, 반죽을 넣는다. 이때 순간 온도를 200℃로 낮추고 스팀을 주입해 약 8~10분간 굽는다. 굽기 색은 원하는 완성도에 따라 조절한다.
+ 반죽을 넣는 순간부터 굽기 초반까지 스팀을 유지하는 것이 핵심이다. 초기 스팀은 반죽 표면의 빠른 건조를 막아 내부 기포가 충분히 팽창할 시간을 확보해준다. 스팀을 너무 오래 유지하면 빵의 표면이 눅눅해지고 껍질 형성이 늦어질 수 있으니 주의한다.

고사리고다치즈 쌀치아바타

쌀가루의 담백함이 들기름과 고사리의 향을 한층 살려줍니다. 쌀치아바타의 촉촉한 식감 사이사이에 치즈의 감칠맛이 스며들어 입맛을 돋웁니다.

INFORMATION

공정	반죽 > 1차 발효 > 성형 > 2차 발효 > 분할 > 3차 발효 > 굽기
반죽량	전량 / 6등분
최종 반죽 온도	23~25℃
발효 완료점	3차 발효 시작 후 약 40분
굽기	230℃ 예열 →200℃ / 10분

INGREDIENT

가루류	강력쌀가루 600g, 설탕 25g, 소금 11g
이스트	드라이이스트 5g
액체류	물 470g, 들기름 20g
필링	들기름에 버무린 고사리{삶은 고사리 100g, 들기름 10g}, 고다치즈 40g, 롤치즈 25g

STEP 1 | 반죽&1차 발효

❗ 들기름은 글루텐이 일정 수준 형성된 후 마무리 단계에서 넣어야 반죽의 탄력이 안정적으로 유지됩니다.

1 소금을 제외한 가루류와 이스트를 체에 쳐 섞은 뒤, 냉장 상태의 차가운 물을 부어 저속으로 3분간 믹싱한다.

2 소금을 넣어 저속으로 흡수시키고, 중속으로 전환해 6~8분간 믹싱한다.

3 들기름을 넣고 저속으로 마무리한다.

4 들기름에 버무린 고사리를 넣고 저속으로 약 2분간 섞어 반죽에 고루 분산시킨다.

5 반죽이 끊어짐 없이 부드럽게 늘어나고 표면이 매끄럽고 윤기가 돌면 믹싱 완성 상태이다.

6 매끄럽게 정리된 반죽을 발효통에 담고, 큐브모양으로 자른 치즈의 1/3을 고루 뿌린다.

7 반죽의 양쪽 끝을 잡아 올려 중앙으로 접어 폴딩한다.

8 남은 치즈를 반죽에 뿌린 뒤 다시 반죽을 90°로 방향을 바꿔 같은 방식으로 한 번 더 접는다.

➕ 반죽을 꾹 누르지 않고 사이에 공기를 품듯 부드럽게 접는다. 이 과정을 통해 내부의 기포가 균일하게 분포되고, 치즈가 고르게 섞이면서 반죽의 탄력이 유지된다.

9 치즈가 고루 섞이면 통 안에서 반죽을 평평하게 정리한 뒤, 실온(28~30℃)에서 부피가 약 2~3배가 될 때까지 1차 발효한다.

101112

131313

141415

STEP 2	성형 & 2차 발효

❗ 성형 과정은 쌀치아바타의 높이와 기공 구조를 결정하는 중요한 단계입니다.

10 1차 발효가 끝난 반죽 위에 덧가루를 뿌린다.

11 반죽의 기포가 꺼지지 않도록 통을 뒤집어 조심스럽게 꺼낸다.

12 손끝으로 기포를 균일하게 정리한 뒤, 약 45× 36cm 크기로 펼친다.
➕ 손가락 압력이 일정해야 기공이 고르게 형성된다.

13 반죽을 반으로 접어 가로 길이가 약 18cm가 되도록 정리한 뒤 삼절접기를 한다.

14 반죽을 캔버스 천 위로 옮겨 모양을 다시 펴서 정리한 뒤, 실온에서 30~40분간 2차 발효한다.

STEP 3	분할 & 3차 발효

❗ 2차와 3차 발효를 거치며 반죽의 볼륨이 점차 증가합니다.

15 반죽 높이가 약 1cm 부풀면 2차 발효를 멈춘다.

16 시트째로 들어 올려 조심스럽게 뒤집어 꺼낸다.

17 반죽 단면이 무너지지 않도록 스크래퍼로 6등분 한다.

18 자른 반죽을 캔버스 천 위에 고르게 배치한 뒤, 천을 덮어 30℃, 습도 70% 환경에서 약 40분간 3차 발효한다.
➕ 3차 발효가 완료되면 반죽이 살짝 부풀어오르고 표면과 가장자리가 살짝 들뜬다.

❶ 쌀치아바타 반죽은 옮기는 과정과 오븐에 넣는 순간의 방식에 따라 최종 높이와 기공의 완성도가 달라집니다.

19 반죽의 형태가 무너지지 않도록 평판 도구를 사용해 테프론시트 위로 옮긴다.

20 테프론시트째로 팬에 올려 오븐에 넣을 준비를 한다.

21 오븐을 230℃까지 충분히 예열한다. 반죽을 넣은 뒤 스팀을 먼저 주입하고 온도를 200℃로 낮춰 약 10분 간 굽는다.

＋ 스팀은 반죽 표면의 급격한 건조를 늦춰 내부 가스가 충분히 팽창할 시간을 확보해준다. 이 과정에서 치즈가 자연스럽게 녹아 고사리와 어우러지며, 쌀치아바타 특유의 열린 기공 구조가 안정적으로 형성된다.

❀ POINT

쌀치아바타 기공 완성하기

쌀치아바타처럼 수분율이 높은 반죽은 1차, 2차 발효에서 기포를 충분히 키우고, 분할과 성형 단계에서 기포를 터트리지 않고 재배치하는 것이 중요합니다. 특히 성형 단계에서 가스를 과도하게 제거하면 내부 공기층이 무너져 치아바타 특유의 기공 형성이 어려워집니다. 고온의 오븐에 넣는 순간 반죽의 내부 가스가 급격히 팽창하면서 최종 크럼 구조가 완성되기 때문입니다.

시래기감자 쌀치아바타

반죽을 사선으로 칼집을 내어 채소와 치즈 등의 재료를 넣고 구운 식사빵입니다. 시래기와 감자, 치즈가 어우러져 영양과 풍미를 모두 살린 메뉴입니다.

INFORMATION

공정	반죽 > 1차 발효 > 성형 > 2차 발효 > 분할 > 3차 발효 > 굽기
반죽량	전량/8등분
최종 반죽 온도	23~25℃
발효 완료점	3차 발효 시작 후 약 40분
굽기	230℃ 예열→200℃/9~10분

INGREDIENT

가루류	강력쌀가루 600g, 설탕 25g, 소금 11g
이스트	드라이이스트 5g
액체류	물 470g, 올리브오일 20g
필링	데쳐 자른 시래기 100g
추가	삶은 감자, 슬라이스햄, 그라나파다노치즈, 후춧가루

STEP 1 | 반죽&1차 발효

❶ 시래기 반죽은 수분 함량이 높고 섬유질이 많아, 믹싱 중기 단계에서 글루텐망을 충분히 형성해주는 것이 중요합니다.

1   가루류는 실온으로, 물은 냉장 온도로 준비한다.

2   소금을 제외한 가루류와 이스트를 체에 쳐 섞은 뒤, 냉장 상태의 차가운 물을 붓고 저속으로 3분간 믹싱한다.

3   소금을 넣고 저속으로 흡수시킨다.

  ✚ 소금은 글루텐 결합을 강화하지만 초기 단계에 넣으면 탄력이 빠르게 생길 수 있다. 가루에 물이 충분히 흡수된 뒤에 넣어야 부드럽고 균일한 반죽을 완성할 수 있다.

4   중속으로 전환해 6~8분간 믹싱한다. 표면에 윤기가 돌면 글루텐이 충분히 형성되었다는 신호이다.

  ✚ 반죽기를 과도하게 돌리면 반죽 온도가 상승해 글루텐 구조가 약해질 수 있다. 반죽 온도는 30℃ 이하로 관리한다.

5   올리브오일을 넣고 저속으로 마무리한다. 오일이 완전히 흡수될 때까지 정리하듯 섞는 것이 핵심이다.

6   데친 시래기의 물기를 완전히 제거해 넣고 저속으로 약 2분간 짧게 믹싱한다.

7   반죽이 끊어짐 없이 부드럽게 늘어나고, 표면이 매끄럽고 윤기가 돌면 멈춘다.

  ✚ 반죽을 손가락으로 늘렸을 때 얇은 막이 찢어지면 믹싱이 부족하거나 온도가 높았던 경우이다.

8   올리브오일을 바른 통에 반죽을 평평하게 펼쳐 담고 랩이나 뚜껑을 덮어 1차 발효를 시작한다. 약 2~3배로 부풀고 표면이 부드럽게 들뜬 상태가 되면 발효를 마친다.

STEP 2 | 성형 & 2차 발효

❗ 반죽 두께가 일정해야 구웠을 때 부피가 고르게 형성됩니다. 성형 시 손끝으로 두께를 균일하게 맞추세요.

9 발효를 마친 반죽 위에 덧가루를 고루 뿌려 다음 작업을 준비한다. 이때 반죽을 뒤집을 작업대 바닥에도 가루를 넉넉하게 뿌려놓는다.

➕ 1차 발효는 반죽의 향과 조직을 결정하는 중요한 과정이다. 온도와 습도가 일정하고, 찬 공기가 직접 닿지 않는 환경에서 진행한다.

10 덧가루를 뿌린 반죽을 조심스럽게 뒤집어 꺼낸다. 작업대 위에서 손끝으로 반죽을 펼치며 45×36cm 크기로 맞추고, 전체 기포를 균일하게 정리한다.

➕ 기포를 누를 때는 힘을 주어 밀기보다 손끝으로 힘을 분산시키는 느낌으로 누른다.

11 반죽을 길게 반 접은 다음 접힌 부분에 공기가 남지 않게 손끝으로 가볍게 눌러 밀착시킨다.

12 반죽을 다시 삼절접기해 캔버스 천으로 옮긴다.

➕ 캔버스 천에 덧가루를 고르게 뿌린 뒤 옮겨야 천에 반죽이 달라붙지 않고 형태가 안정된다.

13 옮긴 반죽을 다시 일자로 펴고, 45×18cm로 길이를 정돈한다. 반죽 윗면에 덧가루를 살짝 뿌리고 천으로 덮는다. 실온 약 28℃ 내외에서 30~40분간 2차 발효를 진행한다.

➕ 2차 발효는 성형 후 반죽을 다시 발효시키는 단계로, 반죽 높이가 약 1cm 정도 부풀면 다음 공정으로 넘어간다.

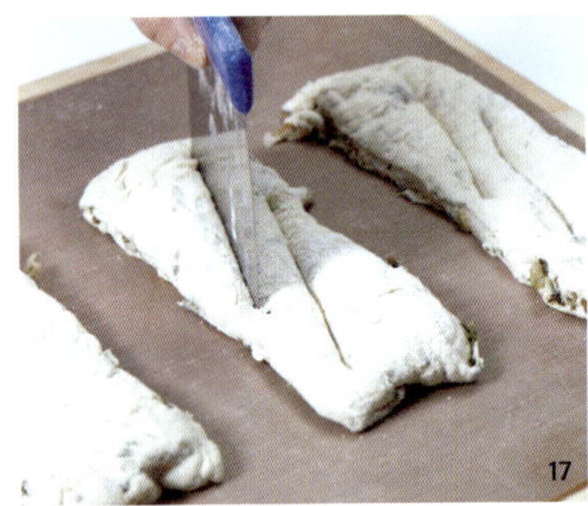

| STEP 3 | 분할＆3차 발효 |

🔴 최종 형태를 결정하는 단계입니다. 분할 후 두 개의 칼집을 내어 모양을 잡고 실온에서 약 40분간 3차 발효를 합니다. 겉으로 보이는 높이가 조금 더 살아나면 발효를 종료합니다.

14 반죽의 높이가 약 1cm 정도 부풀면 시트째로 조심히 들어올려 뒤집어 꺼낸다. 반죽 표면이 과도하게 흔들리지 않도록 주의한다.

15 반죽의 단면이 무너지지 않도록 힘을 모아 스크래퍼로 한 번에 끊어 8등분한다. 분할 크기가 균등해야 발효와 굽는 동안 팽창이 균형있게 잡힌다.

➕ 스크래퍼로 자를 때 반죽을 흔들며 재단하면 기포가 꺼지므로 한 번에 끊듯이 재단한다.

16 자른 반죽을 테프론시트 위에 간격을 두고 배치해 다음 성형을 위한 공간을 충분히 확보한다.

17 반죽 표면에 사선으로 두 개의 칼집을 낸다. 칼집 간격이 균일해야 반죽이 한쪽에 치우치지 않고 부푼다.

➕ 칼집을 낸 후에는 기포가 빠지지 않도록 터치를 최소화한다. 힘을 과하게 주면 빵의 높이가 낮아지고 질감이 단단해질 수 있다.

18 다시 캔버스 천을 덮고, 온도 28℃ 내외·습도 약 70%의 조건에서 30~40분간 3차 발효를 진행한다. 반죽이 마르지 않도록 덮개의 밀착 상태도 체크한다.

➕ 3차 발효는 테프론시트 위에서 바로 진행한다. 반죽을 옮기는 과정이 없어야 기포 손실을 줄일 수 있다. 또한 실온 온도에 따라 발효 시간이 달라질 수 있으므로 지나치게 낮은 온도는 피한다.

19 반죽의 높이 변화를 확인한다. 실온에서 약 30~40분간 발효해 볼륨이 조금 살아나면 발효 완료 상태이다.

STEP 4 | 굽기

❗ 고온으로 예열한 오븐에 반죽을 넣는 순간 스팀을 주입하면 반죽 표면이 빠르게 건조되는 것을 막아줍니다.

20 감자의 껍질을 벗긴 뒤 웨지모양으로 잘라 삶아두고, 슬라이스햄과 그라나파다노치즈, 후춧가루 등 추가 재료를 준비한다.

21 3차 발효를 마친 반죽의 칼집 사이에 삶은 감자와 슬라이스 햄을 끼워 넣는다.

➕ 재료를 깊게 눌러 넣기보다 칼집 사이에 자연스럽게 끼워 반죽의 기포 구조를 유지한다.

22 그라나파다노치즈와 후춧가루를 고루 뿌린다.

23 오븐을 230℃까지 충분히 예열한다. 반죽을 넣는 순간 온도를 200℃로 낮추고 스팀을 주입하여 약 9~10분간 굽는다.

가정용 오븐 스팀 연출법

• 열 보존용 돌 또는 철판+끓는 물 스팀법

깊은 오븐팬에 맥반석을 담아 오븐 제일 하단에 넣고 충분히 예열합니다. 반죽을 넣음과 동시에 맥반석 위에 끓는 물을 약 100~150ml 붓습니다. 순간적으로 수증기가 발생하면서 오븐 내부의 습도가 빠르게 상승합니다.

• 물그릇 동반 예열법

열에 강한 스테인리스 그릇에 물을 담아 오븐 바닥에 두고 예열을 시작합니다. 예열 완료 후 반죽을 함께 넣으면 수증기가 자연스럽게 발생해 크러스트 형성이 늦춰집니다. 약 5분 후 물그릇을 꺼낸 뒤 계속 구워주세요.

바질더블치즈 쌀식빵

오븐에서 굽는 동안 바질과 치즈의 향이 공간 가득 퍼지는 브런치용 식빵입니다. 별도의 곁들임 없이
도 쫄깃한 식감과 향긋한 풍미를 즐길 수 있습니다.

INFORMATION

공정	반죽 > 분할·벤치타임 > 성형 > 발효 > 굽기
틀	16×8×6.5cm 오란다 틀(대)
반죽량	250g×3개(식빵틀 3개 분량)
최종 반죽 온도	26~28℃
발효 완료점	틀 상단 기준 1cm 위 도달 시
굽기	170℃/17분

INGREDIENT

가루류	강력쌀가루 320g, 탈지분유 12g, 설탕 28g, 소금 6g
이스트	드라이이스트 4g
액체류	물 250g
추가	강력쌀가루 쌀탕종 40g 만드는 법 123P 참고, 버터 48g, 바질가루 2.5g, 체다치즈 40g
토핑	성형용{콜비잭치즈, 고다치즈}, 그라나파다노치즈

STEP 1 | 반죽

❶ 믹싱 과정에서 발생하는 마찰열까지 고려해야 약 26~28℃로 최종 반죽 온도를 유지할 수 있습니다. 계절과 실내 온도에 따라 물 온도를 달리 적용합니다. 019P 참고

1 가루류의 온도에 맞춰 액체류의 온도를 조절한다.
  ✛ 마찰열이 높은 소형 반죽기는 가루류를 냉장고에 약 1시간 정도 넣어 온도를 낮추어 사용한다. 이때 물의 온도는 약 4~7℃가 적당하다. 중형 반죽기라면 가루류를 실온에 두고 물은 약 7~10℃로 맞추어 믹싱한다.

2 이스트를 포함한 가루류에 찬물을 붓고 저속으로 3분간 믹싱한다.
  ✛ 소형 반죽기라면 주걱으로 재료를 일부 섞은 뒤 반죽기를 사용해야 믹싱 시간을 단축시킬 수 있다.

3 강력쌀가루 쌀탕종을 넣고 저속으로 3분간 더 믹싱한다. 구조 형성을 위한 기초 단계이다.

4 버터를 넣고 저속으로 3분간 믹싱한다.

5 중속으로 약 8~10분간 믹싱하여 반죽을 완성한다.

6 완성한 반죽에 바질가루를 넣어 저속으로 약 1분간 믹싱한다. 이후 체다치즈를 넣고 저속으로 짧게 믹싱해 고르게 분산시킨디.

7 윈도우페인 테스트를 한다. 반죽을 얇게 늘렸을 때 지문이 비칠 정도로 얇은 막이 형성되면 적정 상태이다.

8 반죽 표면이 윤기 있고 매끄럽게 정리되면 한덩어리로 모아 반죽을 마무리한다.

 분할·벤치타임

❶ 치즈는 고르게 분산시켜야 굽는 과정에서 반죽 형태가 안정적으로 유지됩니다. 치즈가 한쪽에 몰리면 반죽 무게가 치우쳐 굽는 동안 내부 기포가 눌리거나 흐트러질 수 있습니다.

9 반죽을 250g씩 분할해 둥글린다. 손바닥으로 감싸듯 돌려 겉면을 당겨 모아주면 매끄럽고 탄탄한 형태로 정리된다.

10 실온에서 10~20분간 벤치타임을 준다.
✚ 도우박스가 없다면 반죽 표면이 마르지 않게 랩이나 천을 덮고 벤치타임을 진행한다.

11 콜비잭치즈와 고다치즈를 성형용 치즈로 준비한다. 굽는 과정에서 내부에 빈 공간이 크게 생기지 않도록 적당한 크기로 잘라 사용한다.
✚ 치즈가 너무 크면 반죽 내 기포가 무너지고, 너무 작으면 치즈의 식감이 줄어들 수 있다.

12 밀대로 반죽을 일정한 두께로 밀어 편다. 가장자리와 중심 부분의 두께가 균일해야 오븐에서 팽창이 고르게 이루어진다. 찢어지지 않게 힘을 고르게 분산해 민다.
✚ 벤치타임 동안 형성된 큰 기포는 밀대로 밀어 펴는 과정에서 고르게 정리한다. 기포가 남아 있으면 굽는 동안 특정 부분만 과도하게 팽창할 수 있다.

13 반죽을 위아래 뒤집어 준비한 치즈를 고르게 올린다.
✚ 한쪽으로 몰리면 굽는 동안 치우치거나 꺼짐 현상이 생길 수 있다. 치즈를 고르게 펼쳐야 내상과 형태가 안정적으로 완성된다.

14 반죽 윗부분은 부드럽게 덮어 올려 탄성있게 말아준다.

STEP 3 | 성형

❶ 반죽을 말 때는 처음부터 끝까지 같은 힘으로 말아야 합니다. 치즈 두께 때문에 반죽이 느슨해지기 쉬운데, 너무 느슨하면 굽는 동안 반죽이 퍼질 수 있습니다.

15 아래쪽은 일정한 힘으로 계속 말아준다.

16 반죽의 마지막 부분을 일자로 이어 봉합한다. 이음매가 느슨하면 발효 중 반죽이 벌어질 수 있으므로 손끝으로 단단히 정리한다.

17 반죽의 이음매가 아래를 향하도록 틀에 넣는다.
+ 이음매가 위로 가면 굽는 중 팽창에 의해 벌어질 수 있다.

18 틀 안에서 반죽이 고르게 자리잡도록 손등으로 반죽 윗면을 가볍게 눌러 평평하게 정리한다.
+ 이 과정을 통해 바닥 면이 들뜨지 않고 밀착되어 발효 시 반죽이 틀 안에서 일정한 높이로 올라올 수 있다.

19 온도 30~35℃, 습도 70~80%의 조건에서 약 1시간 정도 2차 발효를 진행한다.
+ 발효 환경의 습도가 낮으면 표면이 마르면서 팽창이 제한되고, 내부 기포도 충분히 형성되기 어렵다.

20 발효 시작 후 약 50분이 지난 시점부터 반죽이 틀 위로 고르게 올라오는지 확인한다.
+ 반죽의 부피 변화가 크지 않다면 믹싱이 충분했는지, 외부 온도가 낮지 않았는지, 또는 성형 시 지나치게 단단하게 말리지 않았는지 함께 점검한다.

<table>
<tr><td></td><td>STEP 4</td><td>발효 & 굽기</td></tr>
</table>

STEP 4 | 발효 & 굽기

❶ 쌀식빵은 과발효 시 내부 기포가 과도하게 커지거나 꺼지기 쉽습니다. 반죽의 발효 상태를 확인하세요.

21 반죽이 틀 상단에서 1cm 위까지 부풀면 발효를 멈춘다. 실온 기준 약 70~80분 정도 소요된다.

22 반죽 표면에 달걀물을 얇게 바른다. 달걀물 대신 우유나 두유로도 대체 가능하다.

23 그라나파다노치즈를 그 위에 뿌린다. 골고루 뿌려야 굽기 색이 고르게 난다.

24 오븐을 170℃로 충분히 예열한 뒤, 반죽을 넣어 약 17분간 굽는다. 완료되면 곧장 꺼내 쇼크를 준다.
　＋ 틀째로 가볍게 쇼크를 주면 내부 수증기가 빠르게 빠져나가 케이브인(cave-in, 중앙 꺼짐) 현상을 방지할 수 있다.

25 틀에서 분리해 식힘망 위에 올려 완전히 식힌다.

❀ POINT

실내 발효 노하우

발효실 없이 실내에서 발효를 진행할 경우, 실내 온도 25~28℃, 습도 약 80% 정도의 환경을 만들어주세요. 이때는 반죽 위에 랩 또는 비닐을 살짝 덮어 공기순환을 유지하면서 반죽 표면의 수분 증발을 최소화하는 게 중요합니다. 덮개가 반죽에 직접 닿지 않게 여유 공간을 만듭니다. 실내 온도가 낮다면 따뜻한 물을 담은 컵을 함께 두어 온도를 보완할 수 있어요. 직사광선이나 에어컨 바람이 직접 닿는 위치는 피합니다.

트위스트 베리믹스 쌀식빵

베리믹스잼의 산뜻한 산미와 달콤한 반죽의 풍미가 잘 어우러진 쌀식빵입니다. 일반 쌀식빵보다 더 쫀득하고 달콤합니다.

INFORMATION

공정	필링 준비 > 반죽 > 분할·벤치타임 > 성형 > 발효 > 굽기
틀	16×8×6.5cm 오란다 틀(대)
반죽량	약 220g×3개
최종 반죽 온도	26~28℃
발효 완료점	틀 상단 기준 1cm 위 도달 시
굽기	170℃/17~18분

INGREDIENT

가루류	강력쌀가루 320g, 설탕 38g, 소금 4g
이스트	고당용 드라이이스트 5g
액체류	물 225g
추가	버터 60g
필링	저당 베리믹스잼 40g{딸기 또는 냉동 딸기 190g, 냉동 블루베리 190g, 설탕 95g, 레몬즙 20g}

PRE-MAKE	필링 : 저당 베리믹스잼

❶ 잼은 식으면서 점도가 더 올라갑니다. 냄비 바닥이 잠시 보이면 불을 끕니다.

01 레몬즙을 제외한 모든 재료를 냄비에 넣고 실온에서 1시간 이상 둔다.

➕ 과일에서 나온 과즙에 설탕이 먼저 녹으면서 이후 타지 않고 고르게 졸여진다.

02 중강불에서 끓기 시작하면 3분간 더 끓인 뒤 약불로 줄여 10분간 졸인다.

03 레몬즙을 넣고 10분간 뭉근히 끓인다.

➕ 레몬즙의 산성이 천연 펙틴의 겔 형성을 돕는다.

04 냄비 바닥이 잠시 보일 정도로 농도가 잡히면 불을 끄고 완전히 식힌다.

STEP 1	반죽

❶ 고당 반죽은 설탕이 많아 글루텐 발달이 지연될 수 있습니다. 믹싱 시간을 조금 더 확보해주세요.

1 가루류와 이스트를 체에 쳐 섞은 뒤 액체류를 붓고 3분간 저속으로 믹싱한다.

2 버터를 넣고 모두 흡수될 때까지 3분간 믹싱한다.

3 중속으로 8~10분간 믹싱해, 반죽을 늘렸을 때 끊김 없이 신장되는지를 확인한다.

4 표면이 매끄러워지면 윈도우페인 테스트를 한다. 지문이 비칠 정도로 막이 생기면 완성이다.

➕ 반죽이 쉽게 찢어지거나 탄성이 너무 강하면 믹싱이 부족한 상태이다. 반대로 반죽이 지나치게 끈적거리고 힘없이 늘어진다면 과믹싱 상태에 가깝다.

6 · 8 · 9 · 9 · 10 · 11 · 11 · 11 · 12

❗ 쌀반죽은 점성이 높아 손에 달라붙기 쉽습니다. 분할 시 덧가루를 적당히 사용하면 성형이 한결 수월해져요. 단, 덧가루를 과도하게 사용하면 반죽 표면이 거칠어질 수 있으니 가볍게 뿌려줍니다.

5 반죽을 약 220g씩 분할해 둥글린다. 이때 덧가루를 살짝 뿌리면 성형이 쉬워진다.

6 실온에서 10~20분간 벤치타임을 준다. 여름철(28~30℃)에는 약 5분 이내로 끝낸다.

7 반죽을 밀대로 일정한 두께기 되도록 민디. 기장지리를 약간 얇게 밀어야 이후 말았을 때 단면이 균일해진다.

8 반죽 앞뒤를 뒤집어 높이와 가장자리를 정돈한 뒤 끝 부분에서 약 1cm를 비우고 준비한 잼을 바른다.
➕ 반죽 면의 끝까지 잼을 바르면 굽는 도중 잼이 흘러나와 빵의 형태가 무너질 수 있다.

9 일정한 힘으로 말아준다. 너무 세게 말면 잼이 밀려 나오고, 느슨하게 말면 내상이 무너질 수 있다.

10 봉합선을 단단히 눌러 밀봉한 뒤 일정한 힘으로 밀어 반죽을 길게 늘려준다.

11 반죽을 스크레퍼로 두 줄로 니눈 디음 서로 엇갈려 트위스트 형태로 꼬아준다.
➕ 자른 단면을 위로 향하게 놓고 꼬아야 층이 선명하게 살아난다.

12 양쪽 끝을 고정한 뒤 틀 길이에 맞춰 넣고 발효한다. 실내 온도 30℃, 습도 80% 조건을 유지한다.

12

14

13

15

 | ## 발효 & 굽기

❶ 잼의 영향으로 반죽 내부의 수분이 많으므로 겉면 색이
충분히 나도록 굽습니다.

13 반죽이 틀 상단 기준 1cm 위까지 부풀면 발효를 멈춘다.

➕ 잼류가 든 반죽은 과발효 시 쉽게 주저앉을 수 있으므로
지정된 시간보다 일찍 발효 상태를 확인하는 것이 안전하다.

14 반죽 표면에 달걀물을 붓으로 얇게 발라 광택을 낸다.

➕ 달걀물은 구움색을 선명하게 하고 표면에 윤기와 광택을
더해준다.

15 170℃로 예열한 오븐에서 약 17~18분간 구운 뒤, 곧장
틀에서 분리해 식힘망에 올려 완전히 식힌다.

➕ 구운 후 상단 색이 약하다면 1~2분 정도 추가로 굽되, 내
부 수분이 과도하게 빠져나가지 않도록 상태를 확인한다.

🌿 **POINT**

잼을 넣은 반죽의 특징

잼의 질감은 굽는 동안의 흐름을 결정하고, 잼
의 양은 반죽이 버텨야 할 무게를 좌우합니다.
트위스트 성형에서는 잼의 양과 농도를 각각
조절하는 것이 중요합니다. 반죽에 잼을 너무
많이 넣으면 성형할 때 반죽이 무거워지고, 발
효 중에도 구조가 쉽게 흔들릴 수 있어요. 또한
잼이 너무 묽어도 반죽 안에서 퍼져 형태를 흐
트러뜨릴 수 있습니다.

큐브커스터드 초코쌀식빵

쌀가루 베이스의 초코 반죽 속에 진한 바닐라 커스터드크림을 채운 쌀식빵입니다. 촉촉한 반죽으로
냉장 보관 후에도 부드러운 식감이 유지됩니다.

INFORMATION

공정	필링 준비 > 반죽 > 분할·벤치타임 > 성형 > 발효 > 굽기 > 충전
틀	7×7×7cm 큐브 틀
반죽량	약 90g×7개
최종 반죽 온도	26~28℃
발효 완료점	틀 상단 기준 1cm 아래
굽기	170℃/12~15분

INGREDIENT

가루류	강력쌀가루 295g, 코코아파우더 24g, 설탕 52g, 소금 4g
이스트	고당용 드라이이스트 5g
액체류	물 235g
추가	버터 50g
필링	바닐라 커스터드크림{생크림 200g, 설탕A 15g, 우유 140g, 바닐라빈 1/4개, 달걀노른자 30g, 설탕B 32g, 박력쌀가루 14g}

PRE-MAKE | 필링 : 바닐라 커스터드크림

❶ 바닐라 커스터드크림은 완성 후 짤주머니에 담아 5℃ 이하에서 보관해주세요. 가능하면 당일 사용을 권장합니다.

01 분량의 재료를 준비한다. 생크림과 설탕A는 볼에 담아 냉장 보관한다.

02 우유와 바닐라빈을 냄비에 넣고 약 70℃까지 데운다. 가장자리에 작은 기포가 올라오기 시작하면 불에서 내린다.
   + 너무 뜨겁게 데우면 섞는 과정에서 달걀노른자가 응고되어 알갱이가 생길 수 있다.

03 달걀노른자에 설탕B를 넣고 거품기로 휘핑한다.

04 박력쌀가루를 넣고 뭉침 없이 고르게 섞는다.

05 바닐라빈을 넣고 데운 우유를 2~3회에 나누어 붓고 덩어리가 없도록 섞는다.

06 냄비로 옮겨 중불에 올린다. 거품기로 바닥을 긁듯이 저어야 눌어붙지 않는다.

07 전체적으로 점성이 잡히고 덩어리 없이 되직해지면 불을 끄고 완성한다.

08 완성한 커스터드를 바트에 담고 표면에 랩을 밀착시켜 냉장 보관한다.
   + 표면에 랩을 밀착시켜 공기 접촉을 차단하면 마르거나 막이 생기는 것을 방지할 수 있다.

09 커스터드가 완전히 식으면 바닐라빈 껍질을 제거한 뒤 핸드믹서 1단으로 풀어 매끈하게 만든다.

10 미리 냉장 보관해둔 생크림과 설탕을 꺼내 고속으로 90% 정도 단단하게 휘핑한다.

11 휘핑한 생크림에 커스터드를 넣고 주걱으로 고루 섞어 부드럽게 완성한다. 이후 사용 전까지 냉장 보관한다.

STEP 1 | 반죽

❗ 초코 반죽은 탄성보다 부드럽게 늘어나는 점탄성이 중요합니다. 코코아파우더가 수분을 흡수해 반죽이 다소 단단하게 느껴질 수 있기 때문이죠. 믹싱 시에는 유연하게 늘어나면서도 찢어지지 않는 상태를 목표로 합니다.

1 가루류와 물을 각각 준비하고, 코코아파우더는 체에 내려 뭉침을 방지한다.

➕ 코코아파우더는 입자가 고와 뭉치기 쉬우므로 사전에 체에 내려 준비한다.

2 가루류와 이스트를 체쳐 섞은 뒤 차가운 물을 붓고 저속으로 3분간 수분이 충분히 흡수되도록 믹싱한다.

3 실온 버터를 넣고 저속으로 3분간 믹싱한다. 볼 벽면을 정리해가며 반죽에 버터를 고르게 흡수시킨다.

➕ 버터는 손으로 눌렀을 때 부드럽게 들어가는 상태가 적당하다. 너무 차가우면 반죽에 흡수되는 속도가 늦어질 수 있다. 이 단계의 반죽은 다소 거칠고 끈적이는 상태가 정상이다.

4 버터가 완전히 흡수되면 중속으로 올려 8~10분간 믹싱한다. 반죽이 볼 벽면에서 자연스럽게 떨어지고, 표면이 매끈하게 정리되면 최종 단계에 도달한 것이다.

➕ 초코 반죽은 색이 어두워 상태를 판단하기가 어렵다. 표면의 매끈함과 반죽의 연결 상태를 기준으로 점검한다.

5 반죽을 손으로 늘렸을 때 결이 끊어지지 않고 부드럽게 늘어나면 완성이다.

➕ 윈도우페인 테스트는 완전한 투명막보다는 찢어지지 않고 일정한 결이 유지되는지를 기준으로 판단한다.

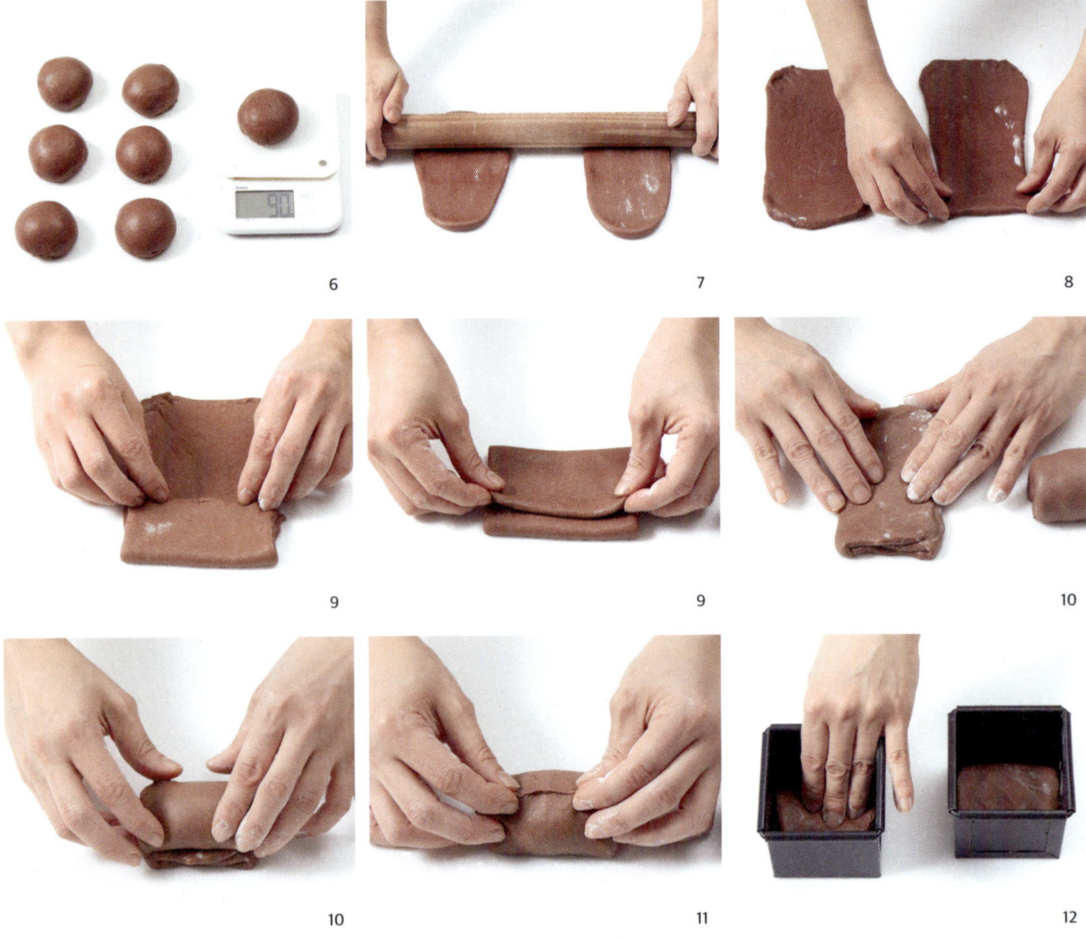

STEP 2 | 분할·벤치타임 & 성형

❗ 식빵 성형 시 과도한 힘으로 말아내면 반죽이 조여져 이후 발효 단계에서 속도가 느려질 수 있으니 주의합니다.

6 반죽을 90g씩 분할해 둥글리고 10분간 벤치타임을
준다. 남은 반죽은 분할한 반죽에 고르게 나눠준다.
**+ 반죽이 수분 함량이 높고 부드러워 실온에서 벤치타임 중
이완이 빠르게 진행된다. 이때 표면이 마르지 않도록 깨끗한
비닐봉지나 밀폐용기 뚜껑을 덮어 표면 건조를 방지한다.**

7 벤치타임이 반죽을 밀대로 균일한 두께로 편다.

8 반죽을 뒤집어 직사각형 형태가 되도록 모서리를 정
돈한다.
**+ 필링은 과하지 않게 사용하는 것이 좋다. 그래야 반죽이
고르게 말리고 형태가 흐트러지지 않는다. 기호에 따라 초코
칩, 크림치즈, 견과류 등을 올려 응용할 수 있다.**

9 반죽을 삼절접기로 접고, 윗면을 손바닥으로 가볍게
눌러 평평하게 정돈한다. 이 과정을 통해 내부 층이 정
리되면서 내상 구조가 균일해진다.

10 반죽을 가로 방향에서 세로 방향으로 돌려 일정한 힘
으로 돌돌 만다. 처음부터 끝까지 같은 힘을 유지해야
말린 단면이 고르게 형성된다.

11 반죽 끝의 이음매를 손끝으로 단단히 봉합한다.

12 봉합선을 아래로 향하게 하여 틀에 넣고, 손끝으로 가
볍게 눌러 반죽의 높이를 균일하게 맞춘다.

13 반죽을 큐브 틀에 넣고 온도 30℃, 습도 80%의 조건
에서 약 1시간 발효한다.

STEP 3 | 발효 & 굽기&충전

> ❗ 반죽 자체가 부드러워 구울 때 수분을 충분히 날려야 큰 수축이 생기지 않습니다. 구운 직후 식힘망에서 완전히 식혀주세요.

14 반죽이 틀 상단 기준 약 1cm 아래까지 부풀어오르면 발효를 멈추고 틀 뚜껑을 덮는다.

15 오븐을 170℃로 충분히 예열한 뒤, 뚜껑을 덮은 상태로 12~15분간 굽는다.

  ➕ 반죽이 과발효된 상태에서 뚜껑을 덮으면 팽창 과정에서 내부 수증기 압력이 높아져 굽는 도중 반죽이 옆으로 새어나와 주저앉을 수 있다. 또한 오븐 예열이 부족하면 최종 크기가 작아질 수 있다.

16 구운 즉시 꺼내 틀째로 바닥에 가볍게 내려 쇼크를 준다. 이후 뚜껑과 틀을 분리해 빵을 완전히 식힌다.

  ➕ 뚜껑 닫기 전 발효를 적절히 멈추고, 구운 직후 쇼크를 주면 옆면 꺼짐 없이 각이 살아 있는 큐브 형태를 만들 수 있다.

17 냉장 보관한 커스터드크림을 꺼내 짤주머니에 담는다.

18 완전히 식은 큐브초코식빵의 중앙을 가위로 조심스럽게 잘라 속을 낸다.

  ➕ 이때 과도한 힘을 주면 내상이 눌릴 수 있으므로 한 번에 깔끔하게 자른다.

19 커스터드크림을 큐브초코식빵 속에 충분히 넣는다.

  ➕ 크림은 일정한 압력으로 주입해야 빵 속에 고르게 채워지고 한쪽으로 치우치지 않는다.

20 완성한 빵은 냉장 보관하고, 2일 이내 섭취한다.

  ➕ 크림이 들어간 제품은 실온 보관 시 수분 분리가 일어나므로, 냉장 보관이 기본이다. 섭취 전 5~10분간 실온에 두어 부드럽게 즐긴다.

프로틴현미 모닝빵

쌀가루에 현미가루와 대두 프로틴가루를 넣은 영양 가득한 모닝빵입니다. 쌀탕종을 넣고 반죽해 촉촉한 식감이 더 오래 유지되어요. 일반 모닝빵보다 크기가 커서 햄버거 번으로도 활용 가능해요.

INFORMATION

공정	반죽 > 분할·벤치타임 > 성형 > 발효 > 굽기
틀	테프론시트+오븐팬
반죽량	약 80g×10개
최종 반죽 온도	26~28℃
발효 완료점	지름이 약 2cm 커졌을 때
굽기	160℃/10분

INGREDIENT

가루류	강력쌀가루 350g, 현미가루 20g, 대두 프로틴가루 20g, 설탕 40g, 소금 7g
이스트	드라이이스트 5g
액체류	우유 210g, 물 110g
추가	강력쌀가루 쌀탕종 50g **만드는 법 123P 참고**, 현미유 30g

STEP 1 | 반죽

❶ 단백질 분말과 현미가루를 넣은 반죽은 믹싱이 부족하면 내상이 거칠어질 수 있습니다. 반죽이 고르게 섞이고 표면이 매끈해질 때까지 믹싱해주세요.

1 냉장 보관한 가루류에 이스트를 더해 체에 내려 섞는다. 액체류는 냉장 7~10℃ 상태로 준비한다.

　➕ 대두 프로틴가루는 뭉침이 생기기 쉬우므로 반드시 체에 내려 섞는다. 가루가 균일해야 믹싱 중 수분 흡수율이 일정하게 유지된다.

2 가루류에 액체류를 붓고 저속으로 약 3분간 믹싱한다. 주걱이나 스크래퍼로 믹싱볼 벽면을 1~2회 정리해주면 반죽이 더 균일하게 섞인다.

3 강력쌀가루 쌀탕종을 넣고 저속으로 3분간 믹싱한다.

4 현미유를 넣고 저속으로 3분간 믹싱한다.

　➕ 오일이 완전히 흡수될 때까지 믹싱한다. 믹싱 시간보다 반죽의 상태를 우선으로 판단한다.

5 반죽에 오일이 완전히 흡수되면 중속으로 5~7분간 믹싱한다. 5~6쿼터 소형 반죽기라면 기본 속도보다 1~2단계 높여 믹싱한다.

6 반죽이 한덩어리로 정리되고 표면이 매끄럽고 윤기가 돌면 살짝 당겨본다. 반죽이 균일하게 늘어나면 믹싱을 멈춘다.

　➕ 현미가루가 포함된 반죽은 일반 쌀식빵보다 신장성이 빠르게 형성되므로 믹싱 중간에도 미리 상태를 확인한다.

 | ## 분할·벤치타임&성형

❗ 균일한 분할과 일정한 모양의 성형은 굽기 후 빵의 높이와 결, 내상, 품질을 결정짓는 중요한 요소입니다. 특히 모닝빵은 성형 시 둥글리기의 힘에 따라 부피가 달라질 수 있으니 일정한 힘으로 성형해주세요.

7 반죽을 80g씩 분할하여 둥글린다. 미니 사이즈를 원한다면 50g으로 분할해도 좋다.

8 둥글린 반죽은 실온(약 25℃)에서 10~20분간 벤치타임을 준다.
+ 벤치타임 중 반죽 표면이 마르면 성형이 어려워질 수 있다. 덮개를 씌워 마르지 않도록 한다.

9 휴지시킨 반죽을 다시 둥글리며 표면을 팽팽하게 정리한다. 표면의 장력이 일정해야 균일하게 부푼다.

10 바닥을 네 방향에서 중심으로 모아 봉합한다.
+ 봉합이 약하면 발효 중 터져 모양이 흐트러질 수 있다.

11 중심부로 모은 봉합 부위를 손끝으로 다시 단단히 눌러 고정한다. 이렇게 해야 발효 중 반죽이 균형 있게 팽창한다.

12 테프론시트 위에 봉합 부위를 아래로 향하게 하고 서로 붙지 않도록 간격을 두고 올린다. 온도 30~35℃, 습도 70~80%의 환경을 유지한다.
+ 가정에서 발효한다면 윗면에 랩을 씌우거나 뚜껑을 살짝 덮어 표면 건조를 막는다. 그래야 구웠을 때 윗면이 갈라지는 것을 방지할 수 있다.

STEP 3 | 발효 & 굽기

ℹ️ 손가락으로 반죽을 가볍게 눌렀을 때 천천히 복원
되며 자국이 살짝 남는 상태가 발효 완료 시점입니다.

13 반죽이 약 1.5~1.7배로 부풀어오르면 발효 완료 시
    점이다.

14 달걀물을 곱게 풀어 붓으로 얇게 바른다.
    ➕ 우유나 두유를 사용하면 색이 더 연하게 구워진다.

15 오븐을 160℃로 충분히 예열한 뒤 약 10분간 굽는다.
    ➕ 반죽량이 적으므로 굽는 시간이 길어지면 수분 손실
    이 커질 수 있다. 옅은 갈색이 형성되면 꺼낸다.

16 곧장 틀과 분리해 식힘망 위에서 완전히 식힌다.
    식힘 과정까지가 제빵의 마지막 단계이다.

깻잎치즈 낙엽브레드

기본 낙엽브레드의 결을 살리면서 향긋한 깻잎과 짭조름한 치즈, 담백한 소시지를 겹겹이 쌓아 만든
간식형 브레드입니다. 재료의 어울림 속에 풍미의 균형을 느껴보세요.

INFORMATION

공정	반죽 > 분할·벤치타임 > 성형 > 발효 > 굽기
틀	테프론시트+오븐팬
반죽량	약 50g×17개
최종 반죽 온도	26~28℃
발효 완료점	눌렀을 때 자국이 천천히 복원되는 상태
굽기	160℃/8~10분

INGREDIENT

가루류	강력쌀가루 400g, 탈지분유 15g, 설탕 35g, 소금 7g
이스트	고당용 드라이이스트 5g
액체류	우유 200g, 물 100g
추가	강력쌀가루 쌀탕종 50g 만드는 법 123P 참고, 버터 60g
필링	반죽 1개당{깻잎 1장, 화이트 체다치즈 1장, 소시지 1/2개}
토핑	슈레드치즈

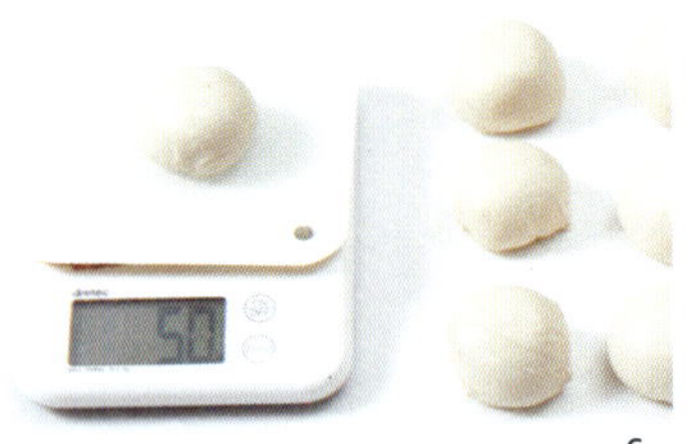

STEP 1 | 반죽

❗ 쌀반죽은 오래 믹싱하면 탄력보다 점성이 강해지므로 과믹싱을 주의해야 합니다.

1 가루류와 이스트를 체에 쳐 섞은 뒤, 차갑게 준비한 액체류를 부어 저속으로 3분간 믹싱한다.

2 강력쌀가루 쌀탕종을 넣고 저속으로 3분 더 믹싱한다.

3 버터를 넣고 저속으로 3분간 믹싱한 뒤, 중속으로 6~8분간 믹싱한다.

➕ 반죽이 매끄럽고 윤기가 돌며 볼 벽면에서 자연스럽게 떨어질 때가 최종 믹싱 단계이다.

4 반죽을 얇게 늘렸을 때 균일한 막이 형성되고 매끈해지면 완성이다.

STEP 2 | 분할·벤치타임

❗ 냉장 벤치타임을 통해 반죽 온도를 낮추면 성형 작업이 수월해집니다.

5 완성한 반죽을 크게 둥글려 표면을 정리한다.

6 50g씩 분할해 표면을 당기듯 둥글려 모양을 유지시킨다.

➕ 둥글리기는 반죽의 힘을 정리하고 표면을 매끄럽게 만들기 위한 과정이다.

7 냉장고에 넣어 20분간 벤치타임을 준다. 냉장 휴지 동안 반죽의 온도가 낮아지고 점성이 줄어든다. 그 결과 필링을 넣는 성형 작업이 보다 수월해진다.

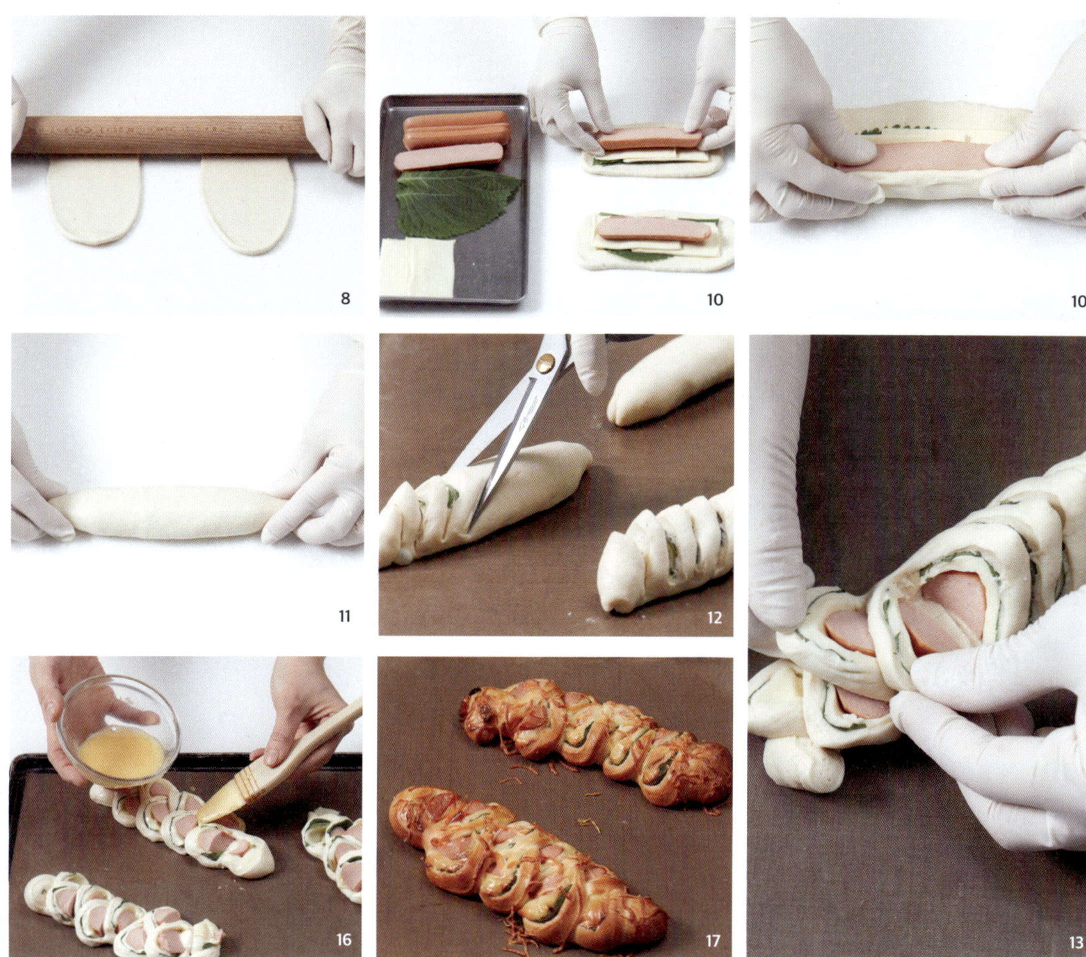

STEP 3 | 성형 & 발효 & 굽기

❶ 전체 반죽량이 적은 편이라 너무 높은 온도나 긴 시간으로 구우면 식감이 단단해질 수 있습니다. 색이 과하게 짙어지기 전에 꺼내어 수분 손실을 줄입니다.

8 반죽을 균일한 두께로 민다. 중앙보다 가장자리를 얇게 밀면 말았을 때 단면이 균일해진다.

9 반죽을 뒤집고 모서리를 사각 형태로 정돈한다.

10 깻잎→치즈→소시지 순서로 올리고 단단하게 만다.

11 이음매를 꼼꼼하게 눌러 봉합한 후 양끝을 가늘게 모아 바게트 모양으로 잡는다.

12 가위로 1cm 간격으로 가위집을 낸다. 소시지는 완전히 자르고, 반죽만 바닥에 이어지도록 남겨야 지그재그 모양이 선명하게 나온다.

+ 필링이 덜 잘리면 가위집 모양이 잘 벌어지지 않는다.

13 자연스럽게 벌어지도록 손끝으로 형태를 정리한다.

14 성형이 끝난 반죽은 테프론시트 위에 올려 온도 30℃, 습도 70~80%의 조건에서 1시간 발효한다.

15 반죽이 약 1.5배 부풀면 발효를 마친다. 필링이 없는 반죽 부분을 손가락 끝으로 2~3초간 가볍게 눌러 자국이 서서히 돌아오고 미세한 자국이 남으면 적정 발효 상태이다.

16 표면에 달걀물을 얇게 바른다. 취향에 따라 슈레드치즈를 가볍게 뿌려도 좋다.

17 160℃로 예열한 오븐에서 약 8~10분간 굽는다.

투톤데니쉬 쌀식빵

버터 레이어를 층층이 형성해 겉은 바삭하고 속은 부드러운 식감을 완성했습니다. 초코 반죽과 플레인 반죽을 꼬아 만든 마블무늬도 특별합니다.

INFORMATION

공정	판버터 준비 > 반죽 > 버터 접기 > 성형 > 발효 > 굽기
틀	21×12×11cm 식빵 틀
반죽량	약 570g×1개
최종 반죽 온도	23~25℃
발효 완료점	틀 상단 기준 약 3cm 아래 도달 시
굽기	180℃/28분

INGREDIENT

가루류	강력쌀가루 300g, 설탕 20g, 소금 7g
이스트	드라이이스트 6g
액체류	우유 65g, 물 140g
추가	버터 30g
필링	초코 반죽용 코코아파우더 1g, 판버터 150g

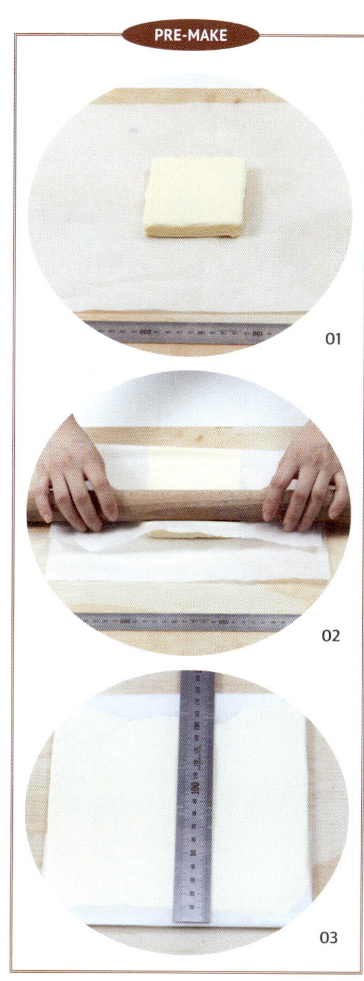

PRE-MAKE	필링 : 판버터

❶ 판버터는 균일한 두께로 만들어야 접기 과정에서 층이 고르게 형성됩니다.

01 15~18℃의 버터 150g 길이 40cm의 유산지, 자를 준비한다.

02 유산지 중앙에 버터를 올리고 다시 유산지로 덮어 감싼다. 밀대로 고르게 밀어 펼친다.

03 유산지를 18cm 기준으로 접어 정사각형 틀을 만든다.

04 밀대로 버터를 밀어 가로와 세로 모두 18cm 정사각형이 되도록 맞춘다.

05 버터의 모서리 부분까지 꼼꼼하게 펴서 두께를 일정하게 맞춘 뒤 냉장 보관한다.

STEP 1	반죽

❶ 반죽이 매끈하고 윤기가 없으며 쉽게 늘어지지 않는 상태가 이상적입니다.

1 가루류와 이스트를 체에 쳐 섞는다. 액체류를 붓고 저속으로 약 3분간 믹싱한다.

2 약 20℃의 실온 버터를 넣고 3분간 추가 믹싱해 반죽에 고르게 섞는다.

3 중속으로 4~5분간 믹싱한다.
✚ 충분한 탄성이 형성된 시점에 멈춰야 접기 과정에서 버터가 밀리지 않는다.

4 반죽이 완성되면 투톤 반죽용으로 사용할 100g을 덜어둔다.

STEP 1	반죽

❗ 초코 반죽은 소량이므로 손으로 먼저 섞은 뒤 짧게 추가 믹싱합니다.

5 덜어낸 반죽에 코코아파우더 1g을 넣고 추가 믹싱해 초코 반죽을 만든다.

6 플레인 반죽과 초코 반죽을 각각 비닐에 나누어 넣는다.

7 각각의 반죽을 1cm 두께로 밀어 가장자리까지 고르게 펴준다.

8 플레인 반죽은 냉동 30분, 초코 반죽은 냉장 보관해 반죽 온도를 약 11℃로 안정시킨다.

➕ 반죽 온도를 낮춰야 버터가 녹지 않고, 접기 과정에서 층이 고르게 형성된다.

STEP 2	버터 접기

❗ 반죽 온도는 11~12℃, 버터 온도 17℃일 때 접기를 시작하면 층이 매끄럽게 형성됩니다.

9 냉각한 플레인 반죽을 꺼내 밀대로 중앙에서 바깥쪽으로 밀어 약 27cm 정사각형으로 편다.

➕ 라미네이팅 공정은 반죽과 버터의 온도 밸런스가 핵심. 반죽 온도가 올라가지 않게 빠르게 작업한다.

10 17℃로 맞춘 판버터를 반죽 중앙에 올려 사면을 덮는 편지접기 형태로 감싼다.

➕ 버터는 반죽의 중심에서 벗어나지 않도록 위치를 정확히 맞추고, 모서리까지 균일하게 덮는다. 버터가 새면 층이 고르게 형성되지 않는다.

11 밀대로 중앙에서 바깥쪽으로 천천히 눌러가며 40×23cm 크기로 편다.

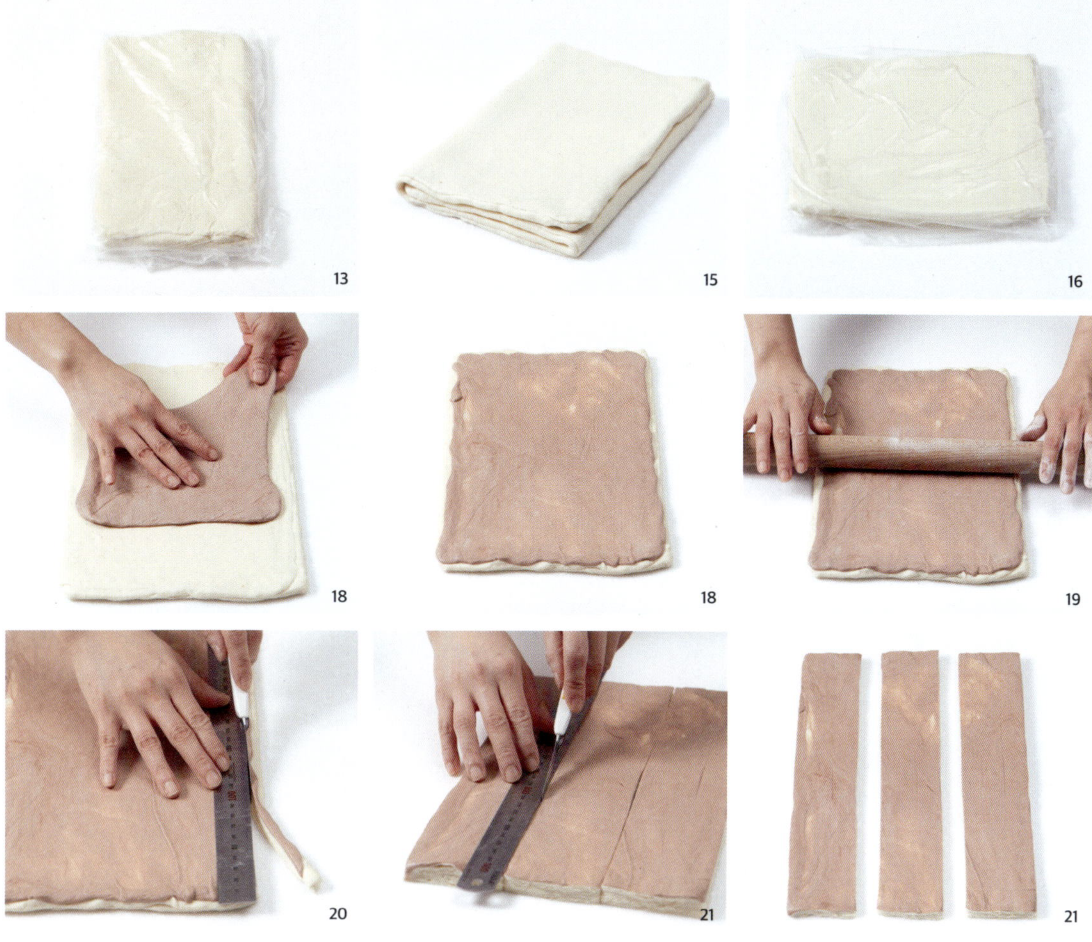

STEP 2 | 버터 접기

❶ 삼절접기 작업 중 반죽 표면 온도가 18℃를 넘으면 즉시 냉장 휴지 후 다시 진행합니다.

12 반죽을 세로 방향으로 1/3씩 접어 위로 균일하게 포개어 삼절접기를 한다.

13 삼절접기를 마친 반죽을 비닐에 넣어 30분간 냉장 휴지시킨다.

14 반죽 온도가 약 13℃로 안정되면 꺼내어 같은 과정을 반복한다. 다시 40×23cm 크기로 밀어준다.

15 총 3회 반복해 일정한 층을 만든다.
＋ 삼절접기를 3회 반복하면 내부에 약 27층의 레이어가 형성된다.

16 삼절접기를 3회 마친 반죽을 냉장에서 30분간 휴지시켜 다음 성형을 준비한다.

STEP 3 | 성형

❶ 꽈배기 모양을 만들 때 반죽을 일정한 힘으로 꼬아야 형태가 균일하게 나옵니다.

17 휴지시킨 반죽을 꺼내 밀대로 중앙에서 바깥쪽으로 밀어 30×22cm 크기로 편다. 반죽 온도가 17℃ 이상 올라가지 않도록 신속히 작업한다.

18 냉장해둔 초코 반죽을 위에 겹쳐 30×22cm로 길이와 넓이를 맞춘다.

19 밀대로 공기가 남지 않도록 가볍게 밀착시킨다.

20 양쪽 끝을 1cm씩 재단해 단면을 정리한다.

21 세로로 3등분한다. 이때 칼을 수직으로 내려 잘라야 층이 눌리지 않는다.

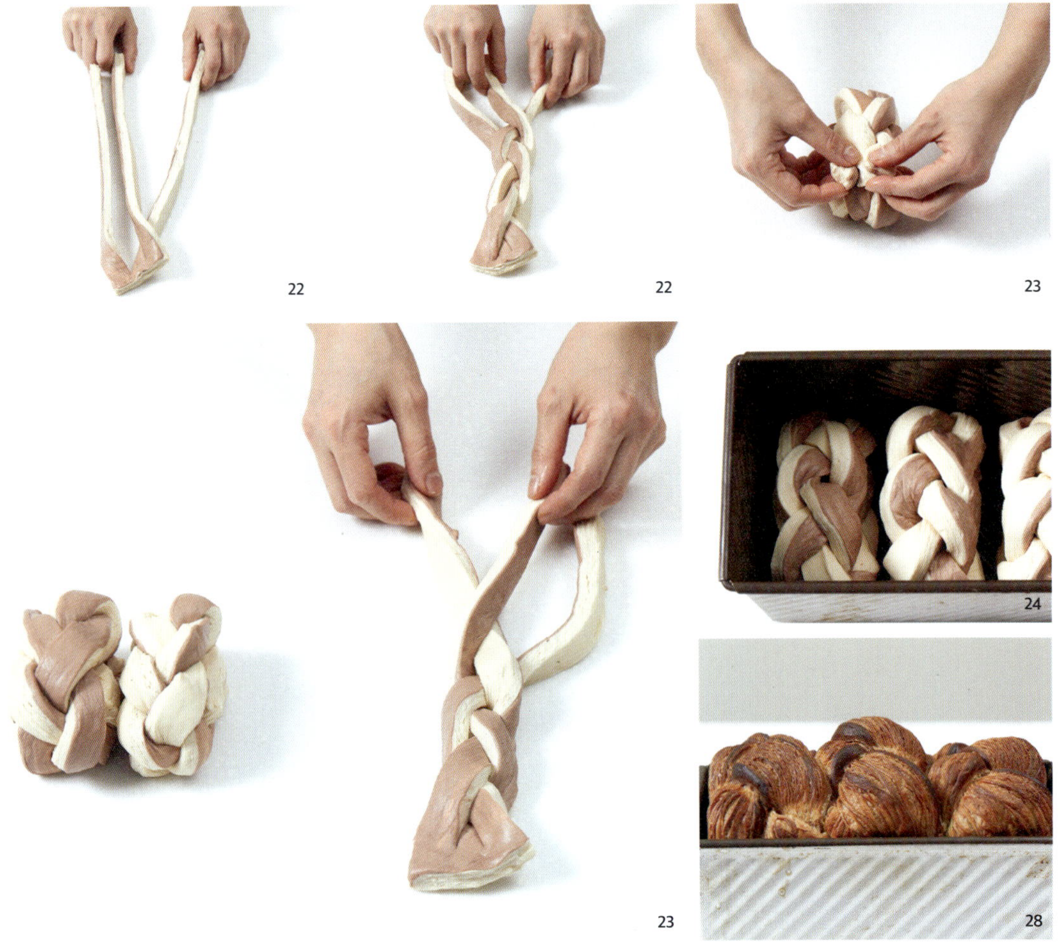

<table>
<tr><td>

STEP 3 | 성형

⚠ 발효실 온도가 32℃ 이상 올라가면 버터가 녹기 시작해 반죽과 버터 층이 흐트러지기 쉽습니다.

22 각 조각을 2.5~3cm 폭으로 3가닥으로 나눈 뒤 같은 방향으로 균일하게 꼬아준다.
➕ 손의 장력이 너무 강하면 층이 터지고 너무 느슨하면 발효 중 형태가 무너질 수 있다. 일정한 힘으로 꼬는 것이 중요하다.

23 반죽을 끝까지 꼰 뒤, 양끝을 1/3 정도 안쪽으로 말아 중심에 맞춘다.

24 같은 방법으로 모두 땋아 식빵 틀에 넣는다.

25 온도 28~29℃, 습도 70%의 조건에서 발효한다.

</td><td>

STEP 4 | 발효 & 굽기

⚠ 충분히 예열된 오븐에서 구워내야 겹겹이 쌓은 버터 층이 살아납니다.

26 반죽이 틀 상단 3cm 아래까지 도달하면 발효를 멈춘다.

27 표면에 달걀물을 얇게 바른다. 구움색을 선명하게 하고 윤기를 더하는 역할을 한다.

28 180℃로 예열한 오븐에서 28분간 굽는다.
➕ 예열이 부족하면 오븐스프링이 제대로 일어나지 않아 내부층이 눌릴 수 있으므로 반드시 충분히 예열된 상태에서 굽기를 시작한다.

29 마지막으로 틀에서 빵을 조심히 꺼내 식힘망에서 완전히 식힌다.

</td></tr>
</table>

바질&초코&크림 트리플 트위스트

바질·초코·크림치즈 세 가지 재료를 촉촉한 쌀반죽에 감싸 맛과 향, 색의 대비를 만끽하는 트위스트 단과자입니다. 크기가 작아 언제든 부담없이 즐기기 좋아요.

INFORMATION

공정	반죽 > 분할·벤치타임 > 성형 > 발효 > 굽기
틀	테프론시트+오븐팬
반죽량	약 60g×11개
최종 반죽 온도	26~28℃
발효 완료점	눌렀을 때 자국이 천천히 복원되는 상태
굽기	170℃/10~11분

INGREDIENT

가루류	강력쌀가루 320g, 설탕 45g, 소금 4g
이스트	고당용 드라이이스트 5g
액체류	우유 130g, 물 100g
추가	버터 50g
필링	반죽 1개당{바질페스토 10g, 초콜릿 다이 10g, 에멘탈 크림치즈 10g}

STEP 1 | 반죽 & 분할·벤치타임

❗ 반죽이 매끈하게 정리되고, 손으로 당겼을 때 적당한 탄성과 함께 부드럽게 늘어나면 믹싱을 마무리합니다.

1 가루류와 이스트를 체에 쳐 섞은 뒤 액체류를 부어 저속으로 3분간 믹싱한다.

2 버터를 넣고 저속으로 3분간 믹싱해 반죽에 고르게 흡수시킨다. 중간에 볼 벽면을 한 번 정리하면 버터가 반죽에 균일하게 섞인다.

3 중속으로 6~8분간 믹싱해 최종 단계까지 진행한다.
＋ 트위스트 성형 시 반죽을 길게 늘려야 하므로, 탄성이 과도하면 반죽이 쉽게 끊어질 수 있다. 매끈함과 신장성이 동시에 형성된 상태에서 믹싱을 멈춘다.

4 윈도우페인 테스트로 반죽의 신장성을 확인한다.
＋ 반죽을 소량 떼어 양손으로 천천히 늘렸을 때 얇은 막이 형성되고 쉽게 찢어지지 않으면 적정 상태이다.

5 반죽을 60g씩 분할한 후 30분간 냉장 휴지시킨다.
＋ 반죽 자체의 점성이 높아 냉장 휴지를 통해 점도를 안정시킨다. 그래야 성형 단계에서 모양 잡기가 수월해진다.

6 냉장 휴지한 반죽을 꺼내 밀대로 균일하게 편다.
＋ 반죽이 차가운 상태를 유지하도록 빠르게 작업한다.

7 반죽 윗면이 아래로 향하도록 뒤집은 뒤, 사각모양으로 모서리를 정리한다.
＋ 모서리를 정돈해두면 이후 필링을 감싸거나 꼬는 작업이 한결 수월해진다.

! 반죽의 가장자리 약 1cm는 남기고 필링을 올려야 성형 완성 시 봉합이 깔끔하고 형태가 흐트러지지 않습니다.

8   각 반죽 위에 페이스트(바질페스토·초콜릿 다이스·에멘탈 크림치즈)를 각각 얇게 펴 바른다.

9   윗부분부터 일정한 힘으로 돌돌 말아 끝단을 손끝으로 단단히 눌러 봉합한다.

10 반죽을 양쪽으로 잡고 길게 늘린다. 끝부분은 최대한 얇게 만들어야 모양이 정돈된다.

11 스크래퍼로 반죽을 두 갈래로 잘라 트위스트 형태로 고르게 꼰다.
    + 꼬는 힘이 일정해야 층이 터지지 않고 구운 후 결이 선명하게 살아난다.

12 양끝을 얇게 만든 뒤, 한쪽 끝을 중심으로 돌돌 말아 감는다.

13 마지막 반죽 끝을 반죽 바닥 아래로 넣어 봉합한다.

14 테프론시트 위에 올려 온도 30℃, 습도 80%의 조건에서 약 1시간 발효한다.

15 발효가 완료되면 반죽 표면에 달걀물을 얇게 바른다.

16 굽기 직전에 각각의 반죽 위에 사용했던 재료를 토핑으로 소량 올린다.

17 170℃로 예열한 오븐에서 10~11분간 굽고, 곧장 꺼내 식힘망 위에서 식힌다.

쌀피타브레드

쌀가루로 만든 피타브레드는 쫀득한 식감이 특징입니다. 샐러드, 닭가슴살, 채소 등을 넣어 샌드형 브런치로 즐겨보세요. 오븐 없이 팬에서 구워 만들 수 있다는 점도 매력이에요.

INFORMATION

공정	반죽 > 발효 > 분할·성형 > 굽기
반죽량	60g×9개
최종 반죽 온도	26~28℃
발효 완료점	반죽이 약 2배로 부풀 때
굽기	약불 팬에서 굽기 / 한 면당 1분~1분30초

INGREDIENT

가루류	강력쌀가루 300g, 설탕 10g, 소금 4g
이스트	드라이이스트 5g
액체류	현미유 20g, 물 170g
추가	강력쌀가루 쌀탕종 35g 만드는 법 123P 참고

<table>
<tr><td>

STEP 1 | 반죽&발효

❶ 피타 반죽은 찰기와 보습력이 핵심입니다. 탕종과 오일을 순차적으로 넣어 반죽합니다.

1 오일을 제외한 가루류와 이스트를 체에 쳐 섞는다.

2 강력쌀가루 쌀탕종과 물을 넣어 저속으로 3분간 믹싱해 수화시킨다.

3 현미유를 넣고 저속 믹싱해 완전히 흡수시킨다.

4 반죽 표면이 매끄럽게 정리되고 손끝에 탄성이 느껴질 정도로만 믹싱한다. 과도한 믹싱은 피한다.

5 반죽을 볼에 담아 26~28℃에서 약 1시간 발효한다. 부피가 약 2배로 부풀면 발효를 멈춘다.

✛ 과발효 시 반죽 구조가 약해져 굽는 과정에서 충분히 팽창하지 못해 포켓 형성이 어려워진다.

</td><td>

STEP 2 | 분할·성형&굽기

❶ 반죽을 균일한 두께로 얇게 밀어내는 과정이 가장 중요합니다.

6 발효가 끝난 반죽을 꺼내 60g씩 분할한다.

7 손으로 둥글린 후 덧가루를 살짝 뿌려 밀대로 약 5mm 두께로 편다. 일정한 두께로 밀어야 내부 수증기가 고르게 팽창해 포켓이 형성된다.

8 마른 팬을 중불로 예열한 뒤 약불로 줄여 한 면당 1분 30초씩 굽는다.

✛ 팬 온도가 너무 높으면 겉면이 먼저 굳어버려 내부가 충분히 팽창하지 못한다.

9 앞뒤가 노릇하게 구워지면 완성이다. 구운 뒤에는 마른 천으로 덮어 수분 손실을 막는다.

</td></tr>
</table>

말차모찌 쌀베이글

말차 특유의 초록빛이 돋보이는 쌀베이글입니다. 쌉쌀한 말차 향과 인절미의 쫄든한 식감이 어우러져 한층 풍부한 맛을 선사합니다.

INFORMATION

공정	반죽 > 분할·벤치타임 > 성형 > 발효 > 데치기 > 굽기
반죽량	약 100g×7개
최종 반죽 온도	26~28℃
발효 완료점	지름이 약 1.5cm 커졌을 때
굽기	230℃ 예열→200℃ / 8~10분

INGREDIENT

가루류	강력쌀가루 345g, 말차 5g, 설탕 32g, 소금 8g
이스트	드라이이스트 8g
액체류	물 240g
추가	강력쌀가루 쌀탕종 20g 만드는 법 123P 참고, 버터 60g
필링	반죽 1개당{인절미떡 15g, 콩가루 2~3g}
데치는 물	물 500g, 설탕 25g

STEP 1 | ## 반죽＆분할·벤치타임

❶ 말차가 고르게 퍼지고 반죽이 충분히 수화되도록 저속으로 믹싱해주세요.

1 가루류와 이스트를 고루 섞고, 미리 체에 내린 말차를 넣어 균일하게 혼합한다.

2 강력쌀가루 쌀탕종과 실온 버터를 넣고, 냉장 온도의 물을 부어 저속으로 3분간 수화한다.
   ✚ **수분이 충분히 스며들면 말차의 색이 균일하게 분산되어 반죽의 색이 고르게 정돈된다.**

3 모든 재료가 균일하게 섞이면 중속으로 전환하여 5~6분간 믹싱한다. 믹싱을 과도하게 하면 반죽이 질어져 성형 시 늘어지기 쉬우니 주의한다.

4 한덩어리로 정리되고 표면이 매끄러워지면 완성이다.

✚ **손끝에서 탄성이 느껴지고 볼 바닥에 붙어 있던 반죽이 매끄럽게 떨어지는지 확인한다.**

5 완성한 반죽을 손으로 잡아 늘려 탄성과 신장성이 적절히 형성되었는지 확인한다.

6 얇게 늘렸을 때 지문이 비칠 정도의 얇은 막이 형성되면 이상적인 상태이다.
   ✚ **표면이 거칠거나 늘어나기 전에 찢어질 경우 중속으로 1~2분간 추가로 믹싱한다.**

7 반죽을 꺼내 100g씩 분할한다. 매끄럽게 둥글린 후 실온에서 10분간 벤치타임을 진행한다.

✚ **10분 동안 반죽의 긴장이 완화되며 반죽 구조가 안정된다.**

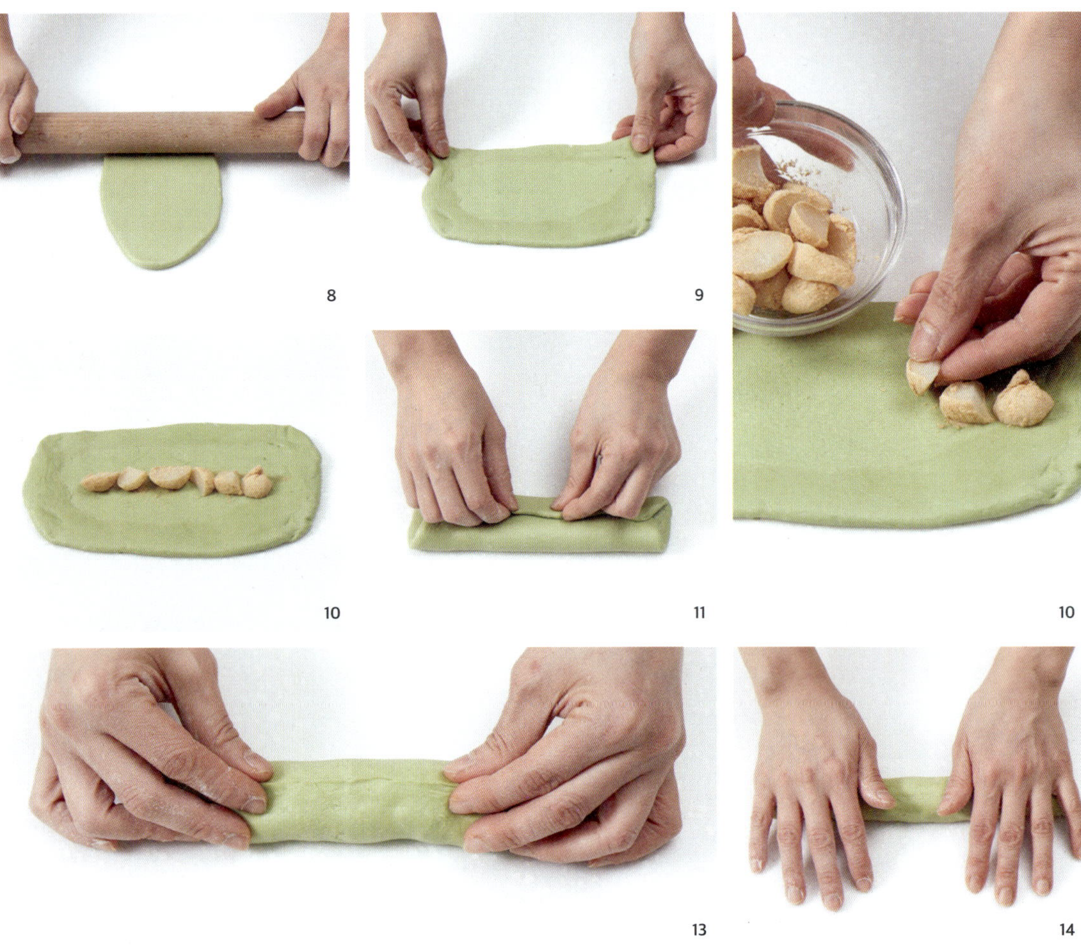

❗ 점성이 높은 쌀반죽에 인절미 떡을 넣을 때는 힘 조절이 필요합니다. 일정한 압력으로 말아야 모양이 깔끔하게 잡힙니다.

8　반죽을 꺼내 밀대로 두께가 균일하도록 편다.
　　➕ 중심에서 바깥으로 밀어내듯 펴야 두께가 일정하다.

9　반죽을 뒤집어 매끄러운 면이 아래로 향하게 둔다.

10　반죽 중앙에 인절미 떡을 잘게 잘라 올린다.
　　➕ 떡은 너무 차갑지 않게 준비한다. 냉동 상태라면 반죽과 밀착이 어려워 봉합이 풀리기 쉽다.

11　위쪽과 아래쪽을 각각 중앙으로 접어올린다.

12　위쪽 끝을 중앙으로 단단히 접은 뒤, 다시 아래로 한 번 더 접어 봉합선이 아래로 향하도록 정리한다.
　　➕ 반죽에 떡을 넣으면 내부에 공기층이 생길 수 있어 성형 시 일정한 힘으로 말아 중심이 단단히 잡히게 한다.

13　봉합선을 손끝으로 단단히 눌러 고정한다.

14　손바닥으로 가볍게 굴려 매끄럽게 정리한다.
　　➕ 너무 강한 압력으로 굴리면 반죽이 길게 늘어나므로 손끝의 힘을 빼고 굴린다.

15　한쪽 끝을 삼각형 모양으로 열어 입구를 만든 뒤, 반죽의 형태를 정돈한다.
　　➕ 반죽을 과하게 늘리지 말고, 표면 장력을 유지한 채로 삼각형 모양이 깔끔하게 잡히도록 한다.

16　삼각형 입구 안쪽에 반대쪽 둥근 끝을 끼워 넣는다.

17　삼각형 모양의 반죽을 위아래로 덮어 반죽의 끝이 풀리지 않도록 정리한다.

18　이음매를 꼼꼼히 봉합한다. 봉합이 약하면 데치는 과정에서 틈이 벌어질 수 있으니 단단히 눌러 고정한다.

STEP 3 | 발효

❗ 지름이 약 1.5cm 정도 커지면 적정 발효 상태입니다.

19 완성한 반죽을 테프론시트 위에 올리고 약 40~50분
   간 발효한다. 이때 습도가 높으면 반죽 형태가 퍼질
   수 있으니 지나치게 높아지지 않도록 관리한다. 온도
   30℃, 습도 70%가 적당하다.

20 반죽 표면이 매끄럽고 탄력이 느껴지며, 지름이 약
   1.5cm 정도 커지면 발효를 멈춘다.
   ＋ 과발효 시 반죽의 힘이 약해져 이후 반죽을 데칠 때 퍼질
   수 있으니 발효 완료 시점을 정확히 지킨다. 표면이 팽팽하고
   손끝으로 살짝 눌렀을 때 천천히 복원되면 적정 상태이다.

🌿 POINT

쌀베이글 데치기 핵심 포인트

쌀 전분은 가열하면 겉면이 빠르게 점성을 띠
며 부드러워집니다. 데치는 시간이 길어질수록
표면이 과하게 풀어져 모양이 퍼질 수 있죠.
특히 글루텐 구조가 약한 쌀베이글은 밀베이글
보다 형태 유지가 더 어렵습니다. 짧은 시간 안
에 빠르게 데친 뒤 바로 뒤집어 표면을 고르게
잡아줘야 합니다. 타이밍을 정확히 맞추는 것
이 매끄럽고 탄력 있는 겉면을 만드는 비결입
니다.

STEP 4 | 데치기&굽기

❶ 쌀반죽은 구조가 불안정하여 데치는 동안 표면이 빠르게 풀어지므로 짧은 시간 내에 데쳐야 합니다.

21 냄비에 물 500g과 설탕 25g을 넣고 끓인다.

➕ 설탕은 데치는 동안 반죽 표면에 얇은 막을 형성해 윤기와 탄력을 더해준다.

22 물이 끓기 시작하면 불을 줄여 90~95℃ 상태로 유지한다. 쌀가루로 만든 베이글은 이 온도 범위에서 짧게 데치는 것이 포인트이다.

➕ 온도가 지나치게 높으면 겉면이 과하게 형성되고, 낮으면 표면 구조가 충분히 형성되지 않아 쫄깃한 식감이 약해질 수 있다.

23 반죽을 앞뒤로 뒤집어 각각 5초씩 짧게 데친다.

➕ 데치는 시간은 일정하게 유지한다. 시간이 길어지면 베이글 형태가 퍼질 수 있다.

24 데친 반죽의 물기를 제거한 뒤 표면에 고운 콩가루를 살짝 뿌린다.

➕ 콩가루는 표면에 가볍게 뿌려 장식 효과를 주고, 구웠을 때 고소한 향을 더해준다.

25 오븐을 230℃로 충분히 예열한 뒤 반죽을 넣고, 온도를 200℃로 낮춰 약 8~10분간 굽는다.

➕ 초반 고온은 표면 구조를 빠르게 고정해 베이글 특유의 매끄러운 겉면 형성에 도움을 준다.

미나리 쌀베이글

씹을수록 담백하고 싱그러운 미나리 향이 은은하게 퍼지는 쌀베이글입니다. 산뜻한 여운이 남는 맛으로 샐러드나 훈제연어도 잘 어울립니다.

INFORMATION

공정	반죽＞분할·벤치타임＞성형＞발효＞데치기＞굽기
반죽량	약 100g×7개
최종 반죽 온도	26~28℃
발효 완료점	지름이 약 1.5cm 커졌을 때
굽기	230℃ 예열→200℃/8~10분

INGREDIENT

가루류	강력쌀가루 350g, 설탕 28g, 소금 8g
이스트	드라이이스트 8g
액체류	물 220g
추가	강력쌀가루 쌀탕종 20g 만드는 법 123P 참고, 버터 60g
필링	다진 미나리 30g
데치는 물	물 500g, 설탕 25g

<table>
<tr><td>STEP 1</td><td>반죽 & 분할·벤치타임</td></tr>
</table>

❶ 미나리는 수분 함량이 높아 장시간 믹싱 시 반죽이 질어질 수 있습니다. 색이 탁해지지 않도록 마지막에 넣어 가볍게 섞어요.

1 가루류와 이스트를 거품기로 섞거나 체에 내려 준비한다. 가루 입자가 균일해야 수화가 고르게 진행되고 반죽의 질감이 안정된다.

2 강력쌀가루 쌀탕종과 실온 상태의 버터를 넣는다.
+ 버터가 너무 차가우면 반죽에 고르게 흡수되지 않으므로 미리 온도를 맞춰둔다.

3 가루류에 물을 붓고 저속으로 약 3분간 믹싱한다. 볼 벽면에 붙은 덩어리는 주걱으로 긁어 정리한다.

4 반죽이 균일해지면 중속으로 올려 5~6분간 믹싱한다.
+ 반죽이 한덩어리로 정리되고 표면이 매끄럽게 정돈되면 믹싱을 마무리한다.

5 윈도우페인 테스트로 신장성을 확인한다.
+ 반죽을 손가락으로 얇게 늘렸을 때 지문이 비칠 정도의 투명한 막이 형성되면 적정 상태이다.

6 다진 미나리를 넣고 저속으로 약 1분간 믹싱한다.

7 작업대 위에 덧가루를 살짝 뿌린 뒤 완성 반죽을 올려 약 100g씩 분할한다. 덧가루는 최소량만 사용해야 반죽 표면이 건조해지지 않는다.

8 반죽을 손바닥으로 가볍게 눌러 둥글린 후 실온에서 약 10분간 벤치타임을 진행한다.

+ 도우박스가 없을 경우 비닐이나 커버를 씌워 반죽 표면이 마르지 않도록 한다.

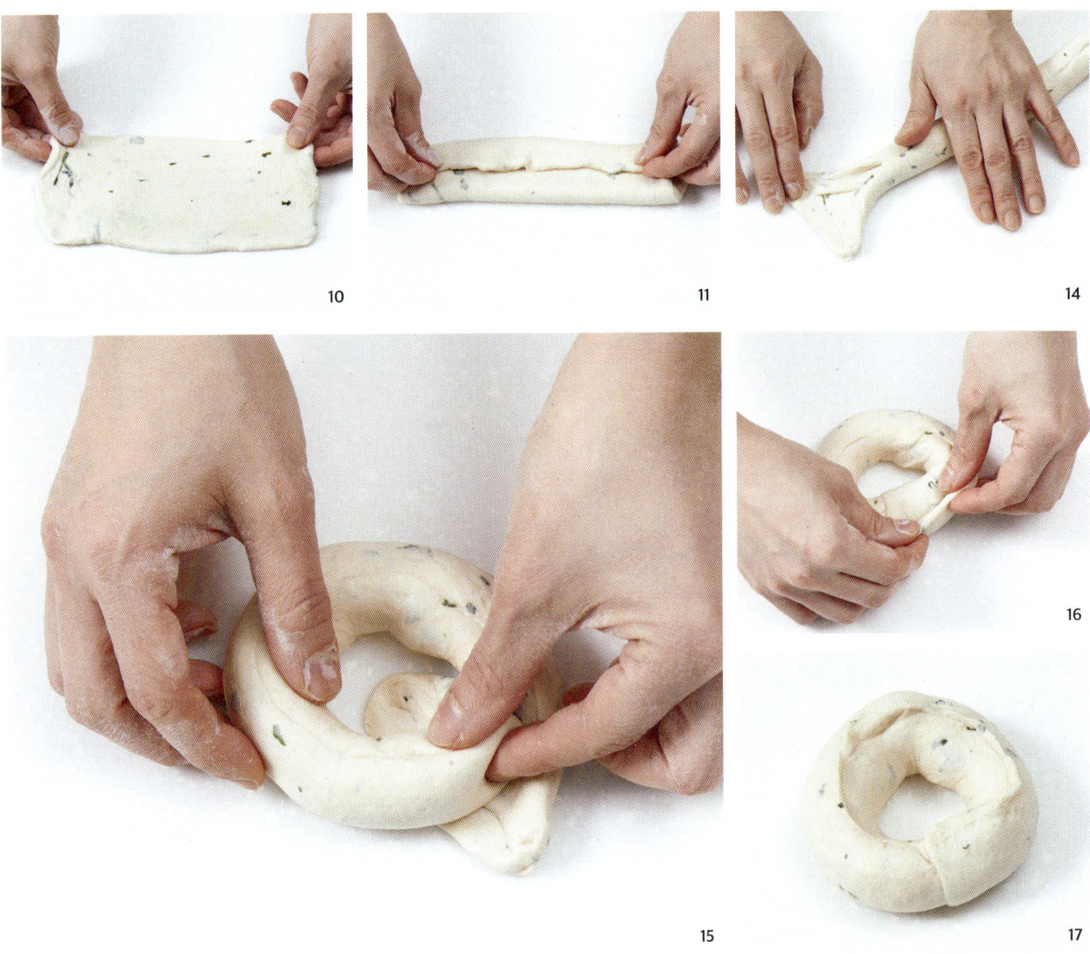

STEP 2 | 성형&발효

❗ 쌀베이글 성형은 일정한 힘으로 반죽을 탄성 있게 말아 형태를 잡는 것이 중요합니다.

9 벤치타임이 끝난 반죽을 꺼내 밀대로 중심에서 바깥으로 균일하게 밀어준다.

10 반죽을 뒤집어 매끄러운 면이 아래로 오게 한 뒤, 사각 형태로 정돈한다.

11 반죽의 위쪽과 아래쪽을 각각 중앙으로 접어올린다.
➕ **두께를 일정하게 맞춰야 모양이 안정적으로 유지된다.**

12 위쪽 끝을 중앙까지 단단히 접은 뒤, 다시 아래로 한 번 더 접어 바닥 면에 봉합선이 오도록 한다.

13 이음매를 손끝으로 눌러 단단히 봉합한다. 봉합이 느슨하면 데치거나 굽는 과정에서 벌어지니 주의한다.

14 한쪽 끝을 열어 중심을 만든다. 약 5cm 정도를 얇게 눌러 삼각형 모양으로 늘려도 좋다.

15 반대쪽 둥근 끝을 가져와 삼각형 안쪽으로 넣는다.

16 삼각형 부분을 감싸듯 덮어 단단히 봉합한다.

17 이음매 부분을 다시 한 번 눌러 단단히 고정한다.
➕ **쌀베이글 반죽은 봉합이 느슨하면 굽는 과정에서 모양이 쉽게 벌어질 수 있다.**

18 성형이 끝나면 테프론시트 위에 올려 실온에서 비닐을 덮어두거나 발효실에 넣어 온도 30℃, 습도 70% 조건에서 약 40~50분간 발효시킨다.

❶ 쌀베이글 반죽은 글루텐 구조가 약해 데치는 동안 형태가 쉽게 퍼질 수 있어요. 데치는 시간과 온도를 정확히 조절해주세요.

19 반죽의 지름이 약 1.5cm 정도 커지고 표면이 탄력이 생기면 발효 완료 시점이다.

20 넓은 냄비나 볼에 물 500g, 설탕 25g을 넣고 끓인다.

21 물이 끓기 시작하면 불을 줄여 90~95℃를 유지한다. 쌀베이글은 온도가 과하게 올라가지 않도록 조절하는 것이 중요하다.

22 반죽을 조심스럽게 들어 앞뒤로 짧게 데친다.

✚ 데치는 과정에서는 반죽의 형태가 흐트러지지 않도록 부드럽게 뒤집는다. 표면이 손상되면 굽는 과정에서 형태가 고르게 잡히지 않을 수 있다.

23 데친 반죽을 건져 물기를 가볍게 털고, 표면에 신선한 미나리 잎을 올려 장식한다.

✚ 미나리잎의 물기를 완전히 제거하고 살짝 눌러 부착한다.

24 오븐을 230℃로 충분히 예열한 뒤, 반죽을 넣고 온도를 200℃로 낮춰 약 8~10분간 굽는다.

25 표면이 균일한 황갈색으로 변하면 완성이다.

✚ 굽기 초반의 높은 온도는 표면 수분을 빠르게 정리해 주어 겉면이 탄탄하게 형성되도록 돕는다.

핑크 쌀베이글

낮은 온도에서 천천히 구운 쌀베이글로 비트가루의 은은한 핑크빛이 오랫동안 선명하게 유지됩니다.
쌀가루의 부드러운 식감도 한층 살아나요.

INFORMATION

공정	반죽 > 분할·벤치타임 > 성형 > 발효 > 데치기 > 굽기
반죽량	약 110g×6개
최종 반죽 온도	26~28℃
발효 완료점	지름이 약 1.5cm 커졌을 때
굽기	130℃/12분(저온 굽기)

INGREDIENT

가루류	강력쌀가루 345g, 비트가루 3g, 설탕 28g, 소금 8g
이스트	드라이이스트 8g
액체류	물 225g
추가	버터 60g
데치는 물	물 500g, 설탕 25g

<table>
<tr><td colspan="2">

STEP 1 | 반죽&분할·벤치타임

❗ 비트가루는 입자가 고운 대신 수분 흡수력이 높아 뭉치기 쉽습니다. 충분히 섞어주세요.

</td><td colspan="2">

STEP 2 | 성형&발효

❗ 두께 차이가 크면 모양이 고르게 나오기 어렵습니다. 성형 전에 반죽 두께를 일정하게 맞춥니다.

</td></tr>
</table>

STEP 1 | 반죽&분할·벤치타임

1 비트가루는 체에 내려 가루류, 이스트와 섞는다.

2 실온의 버터를 준비하고, 냉장 온도의 물을 부어 저속으로 3분간 믹싱한다.

3 모든 재료가 완전히 섞이면 중속으로 전환하여 5~6분간 믹싱한다.

4 반죽이 한덩어리로 정리되고 표면이 매끄러워지면 완성 단계이다.

5 반죽을 꺼내 110g씩 분할한다.

6 가볍게 눌러 둥글리기하여 매끄럽게 정리한 후, 실온에서 10분간 벤치타임을 진행한다.

STEP 2 | 성형&발효

7 벤치타임이 끝난 반죽을 꺼내 밀대로 중심에서 바깥쪽으로 균일하게 밀어 펼친다.
   ➕ 두께가 고르게 유지되어야 성형 시 모양이 안정적으로 잡힌다.

8 반죽을 뒤집어 매끄러운 면을 아래로 두고 사각형 형태로 정돈한다.

9 위쪽과 아래쪽을 각각 중앙으로 일정한 두께로 접어올린다.

10 반죽을 1/3씩 차례로 접어 바닥까지 내린다.

11 봉합선을 손끝으로 단단히 눌러 고정한다.

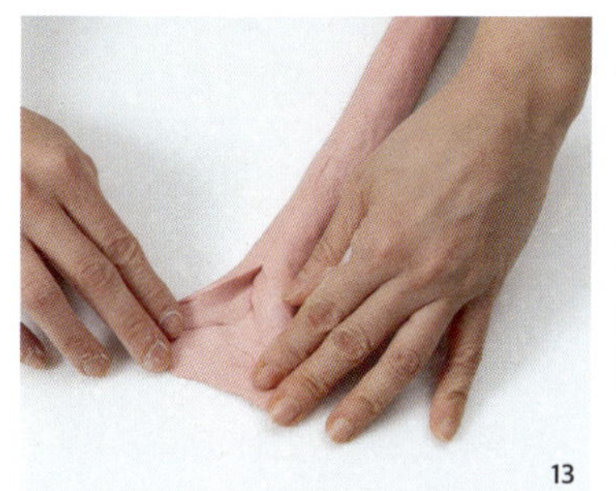

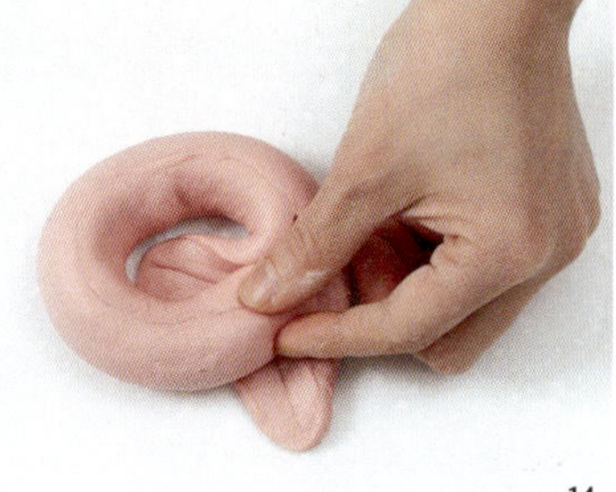

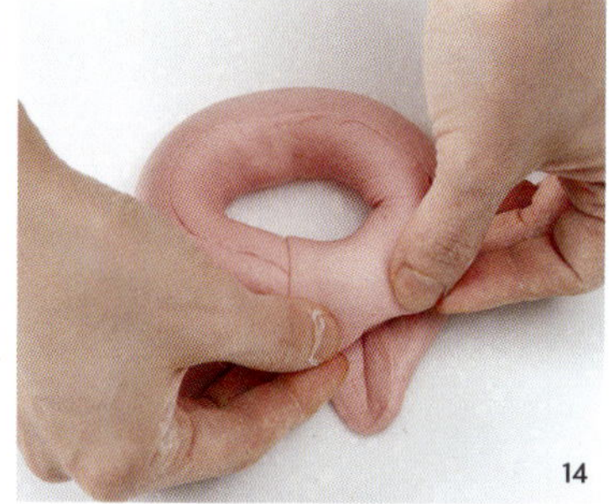

STEP 2 | 성형&발효

❶ 베이글 성형은 양끝의 두께를 균일하게 유지하는 게 포인트입니다.

12 봉합 부위를 손바닥으로 가볍게 굴려 연결한다.
+ 너무 세게 누르면 반죽이 길게 늘어나거나 모양이 흐트러질 수 있으므로 힘을 고르게 분산시킨다.

13 한쪽 끝을 삼각형으로 열고, 반대쪽 둥근 끝을 안쪽으로 넣는다.

14 삼각형 모양의 반죽이 속 반죽을 감싸도록 위아래로 덮은 뒤 바닥 이음매를 꼼꼼히 봉합한다.

15 실온에서 비닐을 덮어두거나 온도 30℃, 습도 70%의 조건에서 40~50분간 발효한다.
+ 표면이 팽팽해지고 지름이 약 1.5cm가량 커지면 적정 발효 상태이다.

STEP 3 | 데치기&굽기

❶ 비트의 천연 색감을 보존하기 위해 비교적 낮은 온도에서 천천히 굽는 것이 중요합니다.

16 냄비에 물 500g과 설탕 25g을 넣고 끓인다.

17 물이 끓기 시작하면 불을 줄여 90~95℃의 온도에서 베이글을 넣어 앞뒤로 각각 10초 이내로 짧게 데친다.
+ 온도가 지나치게 높으면 표면 전분이 빠르게 호화되어 겉면이 단단해질 수 있다.

18 데친 반죽의 물기를 털고, 130℃로 예열한 오븐에서 약 12분간 굽는다.
+ 낮은 온도에서 굽는 것은 천연 색의 변색을 줄여 핑크빛을 안정적으로 유지하는데 도움이 된다.

미니 세사미 쌀베이글

짧은 굽기와 높은 수분율로 속은 촉촉하고 겉은 쫄깃한 쌀베이글입니다. 데친 베이글 위에 볶은 참깨를 뿌려 구워내 고소함이 배가되어요.

INFORMATION

공정	반죽 > 분할·벤치타임 > 성형 > 발효 > 데치기 > 굽기
반죽량	약 60g×12개
최종 반죽 온도	26~28℃
발효 완료점	지름이 약 1.5cm 커졌을 때
굽기	200℃ 예열→180℃/6분

INGREDIENT

가루류	강력쌀가루 350g, 설탕 30g, 소금 7g
이스트	드라이이스트 8g
액체류	물 240g
추가	강력쌀가루 쌀탕종 20g 만드는 법 123P 참고, 버터 60g, 볶은 참깨 소량
데치는 물	물 500g, 설탕 25g

STEP 1	반죽&분할·벤치타임

❶ 쌀가루 반죽의 벤치타임은 여름 5분, 봄·가을 10분, 겨울 20분이 적당합니다.

1 가루류에 이스트, 실온 버터, 강력쌀가루 쌀탕종을 넣고 찬물을 부어 3분간 수화시킨다.

2 균일하게 섞이면 중속으로 5~6분간 믹싱한다.

3 손끝에 달라붙지 않고 부드러우면 완성이다.
+ 윈도우페인 테스트 시 반죽이 쉽게 찢어지면 중속에서 1~3분간 추가 믹싱한다.

4 완성한 반죽을 60g씩 분할해 매끄럽게 둥글린다.

5 실온에서 약 10분간 벤치타임을 진행한다.

6 벤치타임이 끝난 반죽을 밀대로 균일하게 민다.

7 반죽을 뒤집어 같은 두께로 삼단접기를 한다.

STEP 2	성형&발효&데치기&굽기

❶ 작은 크기의 반죽을 높은 온도에서 구우면 빠르게 건조되고 색이 진해집니다. 낮은 온도를 유지하세요.

8 봉합한 반죽의 한쪽 끝을 삼각형으로 만든다.

9 다른 쪽을 삼각형 입구에 넣고 위아래 덮는다.

10 링 모양이 만들어지면 시트에 올려 온도 30℃, 습도 70% 조건으로 40~50분간 발효한다.

11 냄비에 설탕과 물을 넣고 90~95℃까지 끓인다.

12 발효를 끝낸 반죽을 넣고 앞뒤 5초씩 데친다.

13 물기를 제거하고 표면에 볶은 참깨를 뿌린다.
+ 바닥에 물기가 남으면 잘 익지 않을 수 있다.

14 오븐을 200℃로 충분히 예열한 뒤, 반죽을 넣고 온도를 180℃로 낮춰 약 6분간 굽는다.

곡물견과 쌀깜파뉴

국내산 쌀가루와 현미가루를 믹싱한 반죽에 호두, 참깨, 해바라기씨를 더했습니다. 크랜베리의 산미와 견과의 고소함이 잘 어울려요.

INFORMATION

공정	반죽 > 1차 발효 > 분할·벤치타임 > 성형 > 2차 발효 > 굽기
반죽량	약 300g×4개
최종 반죽 온도	23~25℃
발효점	2차 발효 시작 후 약 1시간
굽기	230℃ 예열→180℃ / 25~28분

INGREDIENT

가루류	강력쌀가루 550g, 현미가루 50g, 설탕 20g, 소금 12g
이스트	드라이이스트 3g, 쌀르방 60g
액체류	물 415g
필링	크랜베리 50g, 호두 30g, 참깨 10g, 해바라기씨 20g

PRE-MAKE | ## 쌀르방

❶ 르방은 가루와 물을 발효시켜 키운 발효종입니다. 호밀가루로 만든 르방을 쌀가루로 전환해 키우면 쌀르방을 만들 수 있습니다. 본 반죽에 넣으면 발효향이 깊어지고 반죽 조직에도 변화를 줄 수 있어요.

1단계 : 스타터 만들기　호밀가루와 물을 1:1 비율로 섞어 약 23~25℃의 실온에 둔다. 가루(곡물)와 주변 환경에서 유래한 효모와 젖산균이 활성화되어 기포가 생기기 시작하는데, 부피가 약 2배로 부풀고 기포가 고르게 올라오면 초기 스타터 완성이다.

2단계 : 첫 먹이주기　부피가 2배로 오른 스타터 중 100g만 남기고 나머지는 버린다. 여기에 물과 호밀가루를 1:1:1 비율로 다시 섞어 실온에서 발효시킨다. 약 18~24시간 후 다시 부피가 2배가 되면 발효가 안정된 상태이다.

3단계 : 발효력 키우기　2단계를 2~3회 반복한다. 2배 이상 부풀었다가 살짝 꺼질 때가 교체 시점이다. 실온 24℃ 기준으로 8~12시간 간격으로 관리하면 발효력이 점차 안정된다.

4단계 : 쌀가루용 르방으로 전환　완성한 원종을 쌀가루용 르방으로 전환한다. 원종:물:강력쌀가루를 1:1:1 비율로 섞어 호밀에서 쌀가루로 서서히 전환시킨다. 약 5~8시간 후 부피가 2배 이상으로 부풀고, 표면에 탄력이 느껴지면 반죽에 사용 가능하다.

5단계 : 쌀르방 보관과 사용　쌀르방은 냉장 보관하며 3~4일에 한번씩 쌀르방:물:강력쌀가루 1:1:1 비율로 먹이를 준다. 사용 전날이나 당일 실온에서 1회 먹이주기를 해 발효력을 끌어올린다. 먹이주기 후 5~7시간 안에 부피가 2배로 커지는지 확인한 뒤 사용한다.

STEP 1 | 반죽&1차 발효

❶ 쌀르방을 넣은 깜파뉴 반죽은 낮은 온도에서 천천히 발효해야 풍미가 깊어집니다. 실온 기준으로 약 80~100분 전후에 부피와 탄력을 함께 확인하세요.

1 모든 재료를 분량에 맞게 준비한 뒤, 소금을 제외한 가루류와 이스트를 먼저 섞는다.

2 냉장 상태의 차가운 물과 쌀르방을 넣고 저속으로 3분간 돌려 가루를 충분히 수화시킨다.

3 소금을 넣고 저속으로 1분간 돌려 흡수시킨다.

4 중속으로 전환해 6~8분간 믹싱한다.
  + 글루텐은 믹싱 중기~후기 단계에서 가장 많이 형성된다.

5 반죽 완성 직전에 크랜베리와 호두, 참깨, 해바라기씨를 넣고 저속으로 섞는다.

  + 견과류와 건과일은 믹싱 후반부에 넣어야 반죽의 결이 끊어지지 않고 식감이 살아난다.

6 반죽을 얇게 늘렸을 때 끊어지지 않고 얇은 막이 형성되며, 표면이 매끄러우면 믹싱을 멈춘다.

7 반죽 통에 덧가루를 얇게 뿌린 뒤, 통의 크기에 반죽을 맞춰 정리한다.

8 실온 25~28℃에서 약 80분간 1차 발효한다.
  + 반죽이 안정적으로 팽창하며 내부 구조가 점차 정돈되는 단계이다.

9 처음 부피의 약 2~3배가 되면 발효 완료이다. 시간보다는 부피 변화를 기준으로 판단한다.

STEP 2 | **분할·벤치타임**

❶ 둥글리기는 큰 기포만 정리하는 단계입니다. 작은 기포
는 남겨두어야 이후 균일하게 팽창해 고른 결이 만들어져요.

10 덧가루를 뿌린 뒤 반죽을 꺼내 뒤집는다.
　　➕ 1차 발효를 마친 반죽은 내부에 공기가 충분히 형성된 상
　　태이므로 기포를 과도하게 누르지 말고 부드럽게 다룬다.

11 손끝으로 큰 기포만 가볍게 정리한 다음 스크래퍼로
　　4등분한다.

12 4등분한 반죽을 각각 가볍게 접어 둥글린다.

13 실온에서 약 20분간 벤치타임을 준다.
　　➕ 벤치타임을 충분히 거쳐야 반죽의 긴장을 풀어 성형 과정
　　에서의 찢어짐을 방지할 수 있다.

🌿 **POINT**

쌀르방으로 만든 쌀깜파뉴의 특징

반죽에 쌀르방을 넣고 구운 쌀깜파뉴는 크럼이
두드러져 보입니다. 이는 발효 과정에서 생긴
크고 작은 기포가 자연스럽게 어우러진 결과입
니다. 발효가 완만하게 진행되면서 반죽의 구
조가 점진적으로 형성되고 기포가 보다 안정적
으로 형성된 결과이기도 하죠. 깜파뉴의 크럼
은 1차와 2차 발효를 충분히 거치며 서서히 구
조가 완성됩니다.

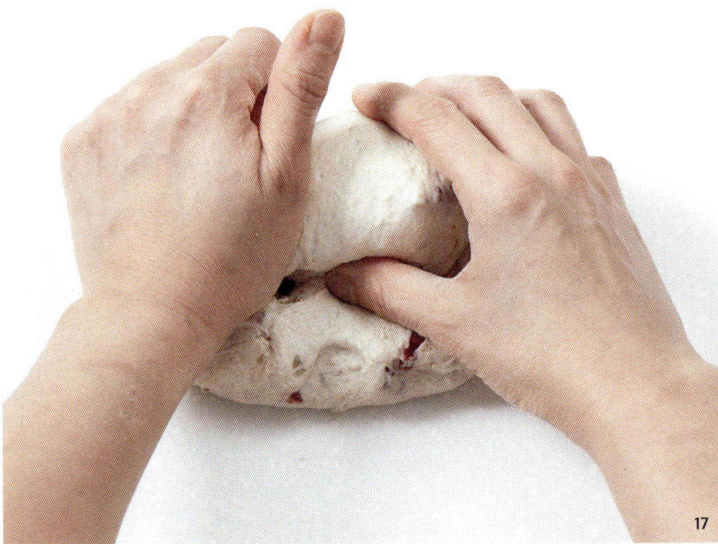

 | **성형 & 2차 발효**

❗ 쌀깜파뉴의 2차 발효는 시간보다 반죽 상태를 기준으로 판단합니다. 반죽이 처음보다 약 1.5배 이상 부풀어오를 때가 내상이 잘 열리고 볼륨도 안정적으로 나오는 시점입니다.

14 손끝으로 가볍게 눌러 큰 기포만 정리한 뒤 둥근 판 모양을 만든다. 전체 기포가 제거되지 않도록 주의한다.

15 반죽을 뒤집어 위쪽 반죽을 가볍게 접어 내린다.
➕ **성형 시 손끝의 압력을 일정하게 유지해야 반죽 내부의 기포가 과도하게 빠지지 않고 내상이 고르게 유지된다.**

16 반죽의 양쪽 사이드를 중앙으로 접어 형태를 정돈한다.

17 반죽을 위에서 아래 방향으로 말아 형태를 잡고, 손바닥으로 가볍게 밀착시켜 느슨하지 않게 정리한다.

18 같은 동작을 반복해 반죽 끝이 자연스럽게 안쪽으로 감기도록 정리한다.

19 반죽 끝의 이음매를 봉합하고, 풀리지 않도록 손끝으로 단단히 고정한다.

20 반죽 전체를 타원형으로 정리한 뒤 양쪽 끝 모서리를 살짝 둥글려 마무리한다.

21 성형한 반죽을 테프론시트 위에 올리고 천을 덮은 뒤 2차 발효를 시작한다. 온도 25℃, 습도 70% 조건에서 부피가 약 1.5배가 될 때까지 약 60분간 발효시킨다.
➕ **2차 발효는 반죽의 탄력과 내상 구조를 완성하는 단계이다. 반죽이 충분히 부풀어오르는지 살핀다.**

 | **굽기**

❗ 오븐은 230℃까지 충분히 예열합니다. 이때 오븐 하단에 맥반석이 담긴 팬을 함께 넣어 최소 30분 이상 달궈줍니다. 그래야 뜨거운 물을 부었을 때 빠르게 수증기가 형성되어 초기 오븐스프링이 강화되고 깜파뉴 특유의 크러스트가 형성됩니다.

22 2차 발효를 마친 반죽 표면에 덧가루를 가볍게 뿌린 뒤 쿠프를 일자로 낸다. 칼날을 살짝 기울여 '긋는다'는 느낌으로 일정한 깊이로 한 번에 내린다.

➕ 칼자국이 너무 얕으면 굽는 동안 팽창이 충분히 이루어지지 않아 볼륨 형성이 제한될 수 있다.

23 오븐을 230℃까지 충분히 예열한다. 돌판이나 두꺼운 철판도 함께 넣어 30분 이상 달군 뒤 쿠프를 낸 반죽을 테프론시트째로 밀어 넣는다.

24 반죽을 넣은 직후 달궈진 돌이 있는 팬에 뜨거운 물 100㎖를 부어 스팀을 발생시킨다.

➕ 스팀이 반죽 표면이 급격히 마르는 것을 늦추어 내부 기포가 충분히 팽창할 시간을 확보한다. 그 결과 크러스트가 얇고 바삭하게 형성되며, 깜파뉴 특유의 볼륨과 질감이 완성된다.

25 스팀 주입 후 오븐 전원을 10분간 끄고 잔열 상태에서 1차 팽창을 유도한다.

26 오븐 전원을 다시 켜고 온도를 180℃로 낮춰 약 25~28분간 굽는다.

➕ 굽는 동안 표면 색이 점차 짙어지고 수분이 빠져나가 내부 조직이 안정된다. 충분히 구워야 바닥까지 수분이 정리되어 눅눅하지 않게 완성된다.

명란호밀 쌀깜파뉴

길쭉하게 성형한 쌀깜파뉴로 바게트를 연상시키는 모양이 특징입니다. 명란의 감칠맛과 구수한 호밀의 조화가 돋보이며, 크림치즈는 물론 드라이한 와인과도 잘 어울립니다.

INFORMATION

공정	반죽 > 1차 발효 > 분할·벤치타임 > 성형 > 2차 발효 > 굽기
반죽량	약 160g×7개
최종 반죽 온도	23~25℃
발효 완료점	2차 발효 시작 후 약 1시간
굽기	230℃ 예열→200℃ / 20~22분

INGREDIENT

가루류	강력쌀가루 500g, 호밀가루 100g, 설탕 20g, 소금 12g
이스트	드라이이스트 4g, 쌀르방 50g 만드는 법 205P 참고
액체류	물 420g
필링	구운 감태 10g
추가	명란마요{명란 45g, 마요네즈 10g, 설탕 1g, 연유 2g}

STEP 1 | 반죽&1차발효

❗ 호밀이 들어간 반죽은 구조가 약해 쉽게 늘어질 수 있어 믹싱 최종 단계에서 정확히 멈춰야 합니다.

1 가루류와 이스트를 체에 쳐 섞은 뒤 차가운 물과 쌀르방을 넣고 저속으로 3분간 믹싱한다.

2 소금을 넣고 저속으로 약 1분간 흡수시킨다.

3 중속으로 전환해 6~8분간 믹싱한다.

4 글루텐이 형성되면 구운 감태를 찢어 넣고 저속으로 2분간 믹싱한다.

5 실온 26~28℃에서 약 80분간 1차 발효한다.
➕ 호밀이 들어간 반죽은 구조가 약하므로 부피가 약 2~3배로 늘어날 때까지 충분한 시간을 갖는다.

STEP 2 | 분할·벤치타임

❗ 둥글리기 작업은 내부 기포를 최대한 유지하며 반죽의 형태를 정리하는 과정입니다.

6 반죽 위에 덧가루를 뿌린 다음 통에서 부드럽게 꺼내 뒤집는다.

7 반죽을 약 160g씩 분할한다.

8 반죽을 부드럽게 접어 큰 기포만 정리한다. 이후 손바닥으로 살짝 눌러 형태만 정리한 뒤 가볍게 둥글린다.

9 실온에서 약 20분간 벤치타임을 갖는다.
➕ 휴지를 충분히 거쳐야 반죽이 수축하지 않고, 성형 시 형태가 안정적으로 유지된다.

<table>
<tr><td>

STEP 3 │ ### 성형＆2차 발효

❗ 손의 움직임은 일정하게, 과한 압력을 피하세요.

</td><td>

STEP 4 │ ### 굽기

❗ 오븐 내부의 초기 스팀이 충분해야 합니다.

</td></tr>
</table>

10 반죽 표면을 손끝으로 가볍게 눌러 정리한다.
  ✚ 압력을 고르게 분산해야 내부 기포도 균일해진다.

11 반죽의 앞뒤를 바꾸고, 윗부분의 반죽을 몸 쪽으로 살짝 접어 내린다.

12 반죽을 위에서 아래 방향으로 말아내리며 손바닥으로 붙이듯 가볍게 밀착시킨다.

13 마지막 이음매 부분을 손끝으로 단단히 봉합한 뒤, 바게트 형태로 성형한다.

14 성형한 반죽을 테프론시트 위에 옮겨 천을 덮고, 온도 25℃, 습도 70%의 조건에서 60분간 발효한다. 약 1.5배 부풀어오르면 발효를 멈춘다.

15 반죽 표면에 덧가루를 얇게 뿌린 다음 쿠프 칼을 반죽 표면에 눕혀 한 번에 긋는다.

16 같은 선을 따라 비스듬히 한 번 더 깊게 절개한다.

17 명란마요를 짤주머니에 담아, 절개 홈을 따라 얇고 일정하게 짠다.

18 오븐을 230℃까지 충분히 예열한다. 돌판이나 두꺼운 철판도 함께 넣어 30분 이상 달군 뒤 쿠프를 낸 반죽을 테프론시트째로 밀어 넣는다.

19 반죽을 넣은 직후 뜨거운 물 100㎖를 달군 돌 위에 부어 스팀을 발생시킨다.

20 10분간 오븐을 끄고 잔열로 팽창을 유도한 뒤 온도를 200℃로 낮춰 약 20~22분간 굽는다.

오트밀새우 쌀깜파뉴

보리새우와 오트밀의 이색적인 조합이 돋보이는 쌀깜파뉴입니다. 보리새우의 짭조름함과 오트밀의
고소함이 만나 씹을수록 깊이가 더해집니다.

INFORMATION		INGREDIENT	
공정	반죽 > 1차 발효 > 분할·벤치타임 > 성형 > 2차 발효 > 굽기	**가루류**	강력쌀가루 600g, 설탕 20g, 소금 12g
반죽량	약 290g×4개	**이스트**	드라이이스트 5g, 묵은 반죽 100g
최종 반죽 온도	23~25℃	**액체류**	물 420g
발효 완료점	2차 발효 시작 후 약 1시간	**필링**	간 보리새우 20g
굽기	230℃ 예열→200℃/22~25분	**추가**	오트밀 소량

 묵은 반죽

❶ 묵은 반죽은 이전 반죽의 일부를 남겨 숙성
해 다시 사용하는 방식입니다.

묵은 반죽 만들기 묵은 반죽(Old Dough)은 한 번 반
죽해 1차 발효까지 마친 반죽을 일정기간 냉장 숙성
해 사용하는 기법이다.

쌀반죽에 묵은 반죽을 넣으면 쌀빵 특유의 건조함이
완화될 수 있으며, 발효 과정에서 생성된 향이 더해
져 풍미가 깊어진다.

전체 쌀가루 양의 15~20% 사용 너무 많이 넣으면 산
미가 과해지고 반죽 구조가 약해질 수 있다. 너무 적
게 넣으면 풍미와 보습 효과가 뚜렷하게 느껴지지
않는다. 냉장 2~4℃에서 1~2일 이내 사용한다.

 반죽&1차 발효

❶ 이 반죽은 후염법을 사용합니다. 소금을 넣기 전
에 충분히 수화시켜 점성을 먼저 만들어줍니다.

1 가루류와 이스트를 체에 쳐 섞은 뒤, 차가운 물
과 묵은 반죽을 넣어 저속으로 3분간 믹싱한다.

2 소금을 넣어 저속에서 흡수시킨 뒤 중속으로 전
환해 6~8분간 믹싱한다. 반죽이 부드럽게 늘어
나며 신장성이 느껴지면 최종 단계이다.

3 보리새우를 넣고 저속으로 1~2분간 섞는다.

4 반죽을 발효통 크기에 맞게 정리하고 표면을 평
평하게 정돈한다.

5 26~28℃의 실온에서 약 80분간 1차 발효한다.
반죽이 약 2~3배 이상 부풀면 적정 상태이다.

STEP 2 | 분할·벤치타임

❗ 겨울철에는 실내 온도가 낮아 발효 속도가 느려집니다. 25~28℃의 따뜻한 온도를 유지해야 반죽이 일정하게 부풀어요.

6 반죽이 처음 부피의 약 2~3배 정도로 부풀면 1차 발효를 종료한다.

7 표면에 덧가루를 가볍게 뿌린 뒤 스크래퍼를 이용해 통의 옆면을 따라 반죽을 부드럽게 분리한다.

8 내부 기포가 과도하게 눌리지 않도록 반죽을 수직으로 4등분한다.

9 4등분한 반죽을 각각 손끝으로 가볍게 눌러 큰 기포만 정리한다.
   + 쌀가루 반죽은 기포를 지탱하는 구조가 약해 작은 힘에도 기포가 터지기 쉽다. 성형 시 손끝의 압력을 최소화한다.

10 반죽의 모서리를 중앙으로 접어 사각 형태를 만든다.

11 표면을 가볍게 정리해가며 둥글린다.
   + 깜파뉴의 둥글리기는 반죽을 강하게 조이는 작업이 아니라 표면을 정리해 형태를 안정시키는 과정이다.

12 실온에서 약 20분간 벤치타임을 갖는다.
   + 이 과정이 충분해야 성형 시 반죽이 수축되지 않고 자연스럽게 늘어난다. 특히 쌀반죽은 구조 지지력이 약해 이완이 부족하면 표면이 갈라지거나 내상이 조밀해질 수 있다. 약 20분 정도 벤치타임을 확보하는 것이 안정적이다.

STEP 3 | 성형 & 2차 발효

🔔 1차 발효에서 형성된 기포를 정리하는 단계입니다. 과한 압력은 내부 기포를 터뜨려 내상이 조밀해질 수 있으니 표면만 가볍게 정리합니다. 발효 중 가스가 빠지지 않도록 이음매를 단단히 봉합해주세요.

13 벤치타임 후 반죽의 기포를 정리하듯 손바닥으로 가볍게 눌러 평평하게 만든다.

➕ 이 단계에서는 큰 기포만 정리하고, 내부 구조가 과도하게 눌리지 않도록 힘을 최소화한다.

14 반죽의 네 개의 모서리를 서로 마주보게 중앙으로 접어 형태를 잡는다.

15 다시 양쪽 모서리를 말아내리듯 접고 아래쪽 모서리도 같은 방식으로 접어올린다.

16 중앙선을 기준으로 위아래를 가볍게 맞물리듯 반으로 접어 깜파뉴 형태로 정리한다.

17 이음매를 손날로 눌러 단단히 봉합해 풀리지 않도록 마감한다.

➕ 봉합이 느슨하면 오븐스프링 시 이음매가 벌어져 의도하지 않은 크랙이 생길 수 있으므로 빈틈없이 정리한다.

18 성형한 반죽을 테프론시트 위에 올리고 덮개를 씌워 표면 건조를 방지한다.

19 실온에서 약 60분간, 반죽 부피가 약 1.5배 이상으로 커질 때까지 2차 발효를 진행한다.

➕ 2차 발효는 반죽의 향과 질감을 완성하는 단계이다. 시간보다 반죽의 부피와 표면의 탄력을 기준으로 판단한다.

❗ 쌀반죽은 수분 함량이 높고 글루텐 구조가 약해 오븐에 들어가는 순간의 충분한 열 전달이 중요합니다. 오븐과 돌판을 충분히 달궈두면 반죽 하부에서 빠르게 열이 전달되어, 오븐스프링이 안정적으로 일어납니다.

20 2차 발효를 마친 반죽 표면에 분무기로 물을 고르게 뿌린 뒤, 오트밀을 얇게 묻힌다.

+ 오트밀을 너무 두껍게 묻히면 열 전달이 늦어 크러스트의 색이 고르게 나지 않는다. 가볍게 한 겹만 묻힌다.

21 표면에 덧가루를 살짝 뿌린 후 쿠프 칼로 반죽 위를 사선으로 긋는다. 한 번에 그어야 오븐스프링 시 깔끔하게 벌어진다.

22 230℃로 충분히 예열하고, 돌판·두꺼운 철판·곱돌 등을 함께 넣어 최소 30분 이상 달궈둔다.

23 반죽을 테프론시트째 밀어 넣고, 팬 바닥에 뜨거운 물 100㎖를 부어 스팀을 발생시킨다.

24 스팀을 주입한 뒤 오븐을 10분간 꺼두어 잔열로 팽창을 유도한다.

+ 10분 동안 내부 열이 확산되며 전분이 호화되고 구조가 형성되면서 크러스트와 속결이 동시에 안정화된다.

25 전원을 다시 켜고 온도를 200℃로 맞춰 22~25분간 굽는다.

+ 굽는 중 색이 빨리 진해진다면 온도를 10℃ 낮추고 시간을 늘려 굽는다.

쑥견과 쌀깜파뉴

반죽에 쑥가루가 들어가 가벼운 차와 함께 즐기기 좋은 쌀깜파뉴입니다. 색과 향 모두 은은하게 느껴
져요. 다양한 견과류를 활용해도 좋습니다.

INFORMATION

공정	반죽 > 1차 발효 > 분할·벤치타임 > 성형 > 2차 발효 > 굽기
반죽량	200g×6개
최종 반죽 온도	23~25℃
발효 완료점	2차 발효 시작 후 약 1시간
굽기	230℃ 예열→200℃/20분

INGREDIENT

가루류	강력쌀가루 595g, 쑥가루 5g, 설탕 20g, 소금 12g
이스트	드라이이스트 4g, 묵은 반죽 100g 만드는 법 219P 참고
액체류	물 420g
필링	마카다미아 20g, 굵게 자른 호두 30g

STEP 1 | 반죽&1차 발효

❶ 묵은 반죽을 사용하면 발효가 안정적으로 진행되어, 내상이 보다 촉촉하고 균형있는 구조가 형성됩니다.

1 소금을 제외한 가루류와 이스트를 체에 쳐 섞은 뒤, 묵은 반죽과 차가운 물을 넣어 저속에서 3분간 믹싱한다.

  ✚ 쑥가루는 입자가 고운 편이지만 수분을 빠르게 흡수해 뭉침이 생기기 쉽다. 초기 수화 단계에서 충분히 섞는다.

2 소금을 넣고 저속으로 흡수시킨 뒤 중속으로 전환해 5~6분간 믹싱한다.

  ✚ 믹싱 시간에 의존하지 말고 반죽의 탄성과 표면 윤기로 완성도를 판단한다.

3 견과류는 마지막 단계에 넣는다. 마카다미아와 호두를 큼직하게 넣고 부서지지 않도록 저속에서 1~2분간 믹싱한다.

4 반죽을 손으로 당겼을 때 부드럽게 늘어나고 끊어짐 없이 얇은 막이 형성되면 믹싱을 완료한다.

  ✚ 지나치게 매끈하거나 늘어나면 과믹싱일 수 있다.

5 완성한 반죽을 발효통에 넣고 평평하게 펼친다.

6 26~28℃의 실온에서 부피가 약 2~3배 이상 팽창될 때까지 약 80분간 1차 발효한다.

  ✚ 실온 발효 시 외부 온도의 영향을 받기 쉬우므로, 시간보다는 반죽의 부피 변화를 기준으로 1차 발효 상태를 판단한다.

8   8   9

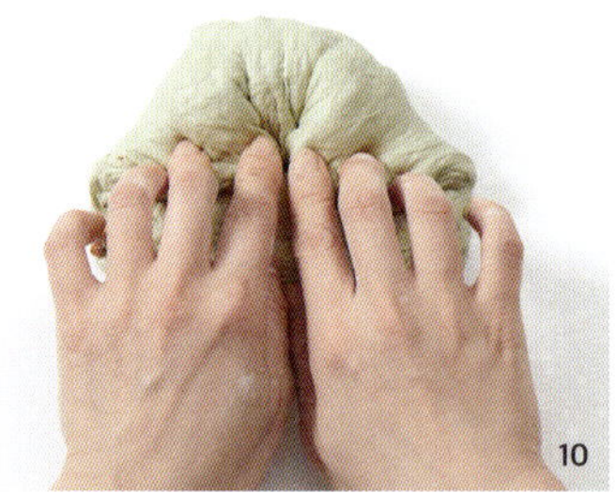
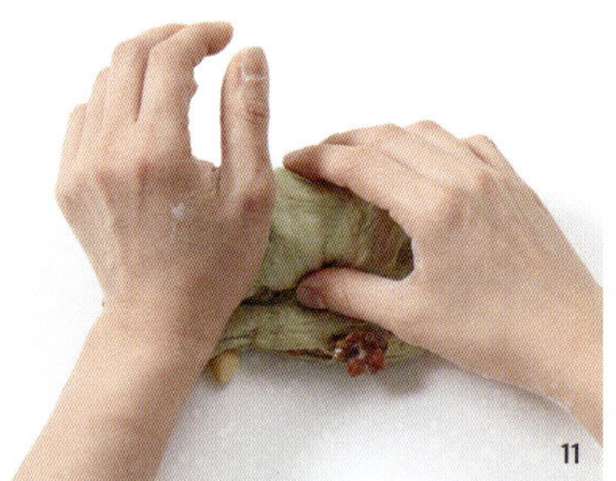

10   10   11

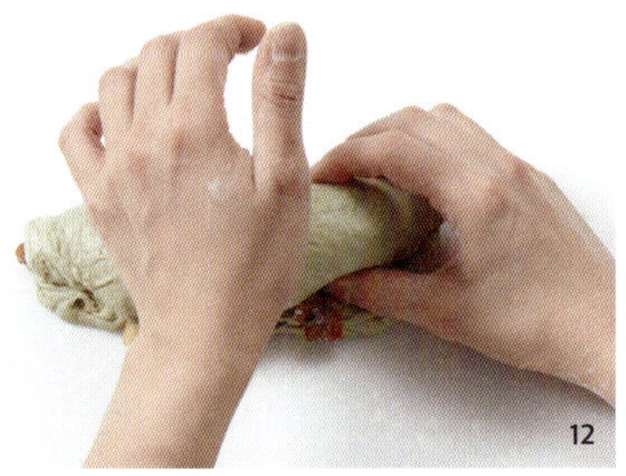

12   13   14

STEP 2	분할·벤치타임

⚠ 깜파뉴의 성형은 '기포를 남기는 작업'입니다. 손끝의 압력을 최소화해 내부 기포를 유지해주세요.

7 1차 발효를 마친 반죽에 덧가루를 얇게 뿌린 뒤 통에서 뒤집어 분리한다.
   + 통에서 강하게 잡아당기지 말고 천천히 꺼내야 내부 기포를 최대한 유지시킬 수 있다.

8 반죽을 약 200g씩 분할한 다음 가볍게 둥글려 표면을 고르게 정리한다.

9 실온에서 약 20분간 벤치타임을 갖는다.

10 반죽의 윗면을 살짝 접고, 양쪽 끝을 중앙으로 모아준다.

11 위에서 접듯이 반죽을 내려 말며 손바닥으로 가볍게 밀착시킨다.

STEP 3	성형&2차 발효

⚠ 쌀깜파뉴는 봉합이 쉽게 풀릴 수 있어, 이음매를 단단히 마무리하는 게 중요합니다.

12 같은 동작을 반복해 마지막까지 반죽 끝을 안쪽으로 말아 넣는다.

13 이음매를 단단히 봉합해 풀리지 않도록 한다.

14 반죽을 타원형으로 정리하고, 양끝 모서리를 길게 다듬는다.

15 성형한 반죽을 테프론시트 위에 올리고 천으로 덮는다. 실온에서 약 60분간 2차 발효한다.
   + 부피가 약 1.5배 이상으로 부풀고 표면에 가벼운 탄력이 느껴지면 적정 발효 상태이다.

15

16

19

STEP 4 | 굽기

❶ 쌀깜파뉴의 완성도는 오븐 예열에 있습니다. 충분한 예열과 스팀 타이밍이 팽창과 크러스트 형성을 좌우해요.

16 2차 발효가 끝나면 반죽 표면에 덧가루를 얇게 뿌린 뒤 쿠프 칼을 약간 기울여 한 번에 긋듯이 쿠프를 낸다.

17 오븐을 230℃까지 충분히 예열한다. 돌판이나 두꺼운 철판도 함께 넣어 30분 이상 달군다.

18 반죽을 테프론시트째 넣은 뒤, 달궈진 돌이 있는 오븐 팬 바닥에 뜨거운 물 100ml를 부어 스팀을 형성한다.

19 스팀 직후 오븐 전원을 10분간 꺼 잔열 팽창을 유도한 뒤, 다시 200℃로 맞춰 약 20분간 굽는다.

✚ 오븐의 사양과 열 순환 방식에 따라 실제 내부 온도와 굽는 속도는 달라질 수 있다. 설정 온도보다 굽는 색과 크러스트 상태를 기준으로 판단한다.

🌿 **POINT**

데크 오븐으로 쌀깜파뉴 굽기

아랫불 200℃, 윗불 230℃로 설정해 온도가 충분히 안정되면 반죽을 넣습니다. 그와 동시에 초기 스팀을 5~10초(또는 1회) 주입해 약 22~25분간 구워요. 이때 데크 오븐은 열이 직접 전달되어 바닥 색이 먼저 진해질 수 있으니 중간중간에 하부의 굽기 색을 확인합니다. 필요에 따라 아랫불을 조절해주세요. 오븐마다 열 분포가 다르니 설정 온도보다 표면 색과 크러스트 상태를 보면서 마무리합니다.

Power
Breakfast

with

맛있게 구운 쌀브레드를 냉동실에 보관해두고 매일 멋진 브렉퍼스트로 즐겨보
세요. 먹기 직전에 1시간 자연 해동 후 오븐이나 팬에 구우면 갓 구운 듯한 겉바
속촉의 식감을 그대로 즐길 수 있습니다.

Rice
Bread

크로크무슈

INGREDIENT

저당 쌀식빵 2장 만드는 법 128P 참고

슬라이스 햄 1장, 슬라이스 치즈 1장, 건조 파슬리 약간

+

베샤멜 소스   버터 20g, 다진 양파 20g, 옥수수 전분 20g, 우유 200g, 소금 2g, 후춧가루 약간

1   쌀식빵은 2cm 두께로 슬라이스한다.
2   쌀식빵 한쪽에 햄과 치즈를 올리고 베샤멜 소스를 얇게 펴바른 뒤 남은 식빵으로 덮는다.
3   윗면에 베샤멜 소스를 다시 바르고 파슬리를 뿌린다.
4   180℃로 예열한 오븐에서 8~10분간 구워 표면이 노릇해지면 완성이다.

베샤멜 소스
1   냄비에 버터를 녹이고 다진 양파를 넣어 약불에서 투명해질 때까지 볶는다.
2   옥수수 전분은 우유에 먼저 풀어 덩어리가 없도록 섞은 뒤 냄비에 넣고 저어가며 끓인다.
3   소금과 후춧가루로 간을 맞춰 베샤멜 소스를 완성한다.

스틱형 크루통

INGREDIENT

스틱형 크루통   현미말차마블 쌀식빵 약 140g(스틱 6개 분량)

만드는 법 086P 참고, 비디 30g, 비정제 원당 40g

+

단호박수프   단호박 450g, 우유 200g, 생크림 150g, 버터 15g, 치킨스톡 5g, 양파가루 5g 또는 양파볶음 1/4개분, 그라나파다노치즈 5g, 소금과 후춧가루 약간씩, 넛맥가루 0.2g(생략 가능)

스틱형 크루통
1   현미말차마블 쌀식빵(9×9cm 큐브)을 1.5cm 간격으로 슬라이스한 뒤, 3cm 폭으로 잘라 스틱 모양으로 준비한다.
2   실온 버터를 부드럽게 풀어 비정제 원당과 섞어 식빵에 얇게 바른다.
3   120℃ 오븐에서 10~12분간 노릇하게 구워 식힌다.

단호박수프
1   단호박을 전자레인지에 약 5분간 쪄서 껍질과 씨를 제거하고 적당한 크기로 썬다.
2   냄비에 버터를 녹여 단호박을 1~2분간 가볍게 볶는다.
3   우유와 생크림을 넣고 중불에서 7~10분간 끓인다.
4   치킨스톡, 양파가루, 치즈를 넣어 간을 조절한 뒤 핸드블렌더로 곱게 간다.
5   농도가 너무 진하면 우유를 30~50g 추가한 뒤 소금, 후춧가루, 넛맥가루로 간한다.

컬러풀 러스크

by 컬러풀 플레인 쌀식빵

INGREDIENT

컬러풀 플레인 쌀식빵 1개 만드는 법 094P 참고

+

마늘 소스 다진 마늘 30g 마요네즈 90g 설탕 45g 꿀 10g 머스터드 15g 올리브오일 10g 소금과 후춧가루 약간씩

1   쌀식빵을 3×3cm 정사각형으로 자른다. 작게 자를수록 바삭함이 살아난다.
2   볼에 마늘 소스 재료를 한 번에 넣고 주걱으로 섞는다.
3   쌀식빵 조각을 넣어 고루 버무린다.
4   오븐팬에 종이를 깔고 소스에 버무린 쌀식빵 조각을 골고루 펼친다.
5   110~120℃로 예열한 오븐에서 약 20분간 천천히 구워 바삭한 러스크를 완성한다.

오렌지크림치즈샌드

by 미니 세사미 쌀베이글

INGREDIENT

미니 세사미 쌀베이글 1개 만드는 법 202P 참고

+

크림치즈 프로스팅   크림치즈 100g, 버터 25g, 슈가파우더 15g, 생크림 10g

오렌지 마멀레이드   오렌지 4개, 설탕 200g 물엿 50g 레몬즙 20g

1   크림치즈와 버터를 핸드믹서로 부드럽게 푼다.
2   슈가파우더를 넣고 고속으로 1분간 믹싱한다.
3   생크림을 넣고 매끄럽게 될 때까지 믹싱해 크림치즈 프로스팅을 완성한다.
4   쌀베이글을 가로로 반 잘라 가볍게 굽는다.
5   한쪽 면에 크림치즈 프로스팅을 두껍게 바른다.
6   오렌지 마멀레이드를 펴바른 뒤 남은 빵으로 덮는다.

오렌지 마멀레이드

1   오렌지는 베이킹파우더로 세척한 뒤 깨끗이 헹군다. 이후 식초물에 담가 한 번 더 세척하고, 끓는 물에 10초간 데쳐 찬물에 헹군다.
2   필러로 껍질을 벗기고 하얀 속껍질을 제거한 뒤, 껍질은 얇게 채썬다. 과육은 믹서에 곱게 간다.
3   냄비에 채썬 껍질, 간 과육, 설탕을 넣고 센불로 끓인다.
4   물엿과 레몬즙을 넣고 잼처럼 점성이 생길 때까지 졸여 완성한다.

미나리양배추라페 베이글

by 미나리 쌀베이글

INGREDIENT

미나리 쌀베이글 1개 만드는 법 194P 참고

+

미나리양배추라페 미나리 30g, 양배추 100g 소금 0.5g

드레싱{홀그레인 머스터드 15g 화이트 발사믹식초 15g 알룰로스 또는 올리고당 10g, 들기름 10g}

1   미나리는 씻어 물기를 털고 2~3cm 길이로 자른다.

2   양배추는 채썰어 찬물에 헹군 후 물기를 뺀다.

3   볼에 미나리와 양배추를 넣고 소금을 뿌려 5분 정도 두어 숨을 죽인다. 찬물에 헹군 뒤 물기를 충분히 짠다.

4   홀그레인 머스터드, 화이트 발사믹식초, 알룰로스, 들기름을 섞어 드레싱을 만든다.

5   물기를 짠 채소에 드레싱을 넣고 골고루 버무린다. 냉장 10~15분 숙성한 뒤 차갑게 준비한다.

6   미나리 쌀베이글을 가로로 반 잘라 가볍게 굽는다.

7   빵 사이에 완성한 미나리양배추라페를 넣고 먹기 좋은 크기로 잘라 즐긴다.

복숭아크림샌드

by 핑크 쌀베이글

INGREDIENT

핑크 쌀베이글 1개 만드는 법 198P 참고

통조림 복숭아 또는 복숭아 슬라이스 적당량

+

요거트 생크림 요거트파우더 20g 동물성 생크림 210g 마스카포네치즈 105g 설탕 45g

1   요거트 생크림 재료를 믹싱볼에 준비한 뒤, 사용 전까지 최소 1시간 이상 냉장 보관해 차갑게 준비한다.

2   차갑게 준비된 요거트 생크림 재료를 핸드믹서로 약 90% 정도 되직해질 때까지 휘핑한다.

3   쌀베이글을 반으로 잘라 요거트 생크림을 얇게 바르고, 물기를 제거한 통조림 복숭아를 올린다.

4   위에 다시 요거트 생크림을 덮어 샌드 형태로 완성한다.

콘치즈마요

by 먹물롤치즈 쌀바게트

INGREDIENT

먹물롤치즈 쌀바게트 1개 만드는 법 110P 참고

+

콘치즈 스프레드　통조림 옥수수 50g 슈레드치즈 60g 마요네즈 40g 설탕 10g 소금과 후춧가루 약간씩

1 통조림 옥수수의 물기를 완전히 제거한다.
2 모든 재료를 섞어 콘치즈 스프레드를 만든다.
3 먹물롤치즈 쌀바게트를 먹기 좋은 크기로 자른다.
4 오븐 접시에 올리고 콘치즈 스프레드를 넉넉히 올린다.
5 180℃로 예열한 오븐에서 약 5분간 구워 치즈가 녹고 가장자리가 노릇해지면 완성이다.

치킨버거

by 프로틴현미 모닝빵

INGREDIENT

프로틴현미 모닝빵 2개 만드는 법 168P 참고

치킨패티 또는 미니 함박스테이크 2개, 프릴아이스상추 1~2장, 감자튀김, 버터 약간, 토마토케첩 약간

+

그레이비 소스　버터 30g 양송이 슬라이스 3개 분량, 옥수수 전분 15g 물 100g 치킨스톡 5g 토마토케첩 10g

1 팬에 버터를 두르고 프로틴현미 모닝빵을 가로로 반 잘라 노릇하게 굽는다.
2 치킨패티 또는 함박스테이크를 굽고, 위에 그레이비 소스를 넉넉히 끼얹는다.
3 빵 사이에 프릴아이스상추를 깔고 소스를 입힌 함박스테이크를 올려 덮는다.
4 감자튀김과 토마토케첩을 곁들여 플레이팅한다.
5 따뜻할 때 바로 즐기면 부드러운 모닝빵과 진한 소스가 어우러져 더 맛있다.

그레이비 소스

1 팬에 버터를 녹인 후 옥수수 전분을 넣고 풀어준다.
2 갈색빛을 띠면 약불로 줄인다.
3 물, 치킨스톡, 케첩을 넣고 저어가며 농도를 맞춘다.
4 슬라이스한 양송이를 넣고 한소끔 끓여 완성한다.

잠봉&올리브 샌드위치

INGREDIENT

플레인 쌀치아바타 1개 만드는 법 136P 참고

잠봉 2장, 리코타치즈 50g, 꿀 적당량

+

갈릭올리브 절임 마늘 30톨, 통올리브와 미니 양배추 약간씩, 로즈마리 1줄기, 통후추와 그라나파다노치즈 약간씩, 페퍼로치노 약간(생략 가능), 올리브오일 적당량

1 쌀치아바타를 2cm 두께로 두툼하게 슬라이스한다.

2 180℃로 예열한 오븐에서 약 3분간 굽는다.

3 구운 쌀치아바타 위에 리코타치즈를 바르고, 잠봉 2장과 갈릭올리브 절임을 올린다.

4 꿀을 곁들여 완성한다.

갈릭올리브 절임

1 끓는 물에 식초를 약간 넣고 마늘과 미니 양배추를 각각 30초~1분간 데친다.

2 마늘과 양배추의 물기를 완전히 제거한다.

3 용기에 모든 재료를 넣고 올리브오일을 충분히 붓는다.

4 냉장에서 2일간 숙성시킨다.

라자냐

INGREDIENT

바질더블치즈 쌀식빵 4장 만드는 법 152P 참고

토마토 소스 150g, 모짜렐라치즈 100g, 파르메산치즈 20g, 올리브오일 약간, 바질잎 약간(생략 가능)

1 쌀식빵을 1cm 두께로 잘라 가장자리를 정리한다.

2 쌀식빵 슬라이스를 팬에 살짝 굽거나 토스트한다.

3 오븐용 용기에 토마토 소스를 얇게 펴 바른다.

4 그 위에 쌀식빵→토마토 소스→모짜렐라치즈와 파르메산치즈 순서로 겹겹이 쌓는다. 이 과정을 3회 반복한다.

5 맨 위에 남은 치즈를 듬뿍 올린다.

6 180℃로 예열한 오븐에서 10~12분간 구워 치즈가 녹고 노릇하게 익으면 완성.

7 바질잎이나 올리브오일을 살짝 뿌려 마무리한다.

햄치즈샌드위치

by 올리브 쌀포카치아

INGREDIENT

올리브 쌀포카치아 1개 만드는 법 074P 참고

부라타치즈 또는 리코타치즈 50g 슬라이스햄 2장, 시판 마리네이드 토마토 5~7조각, 루꼴라 또는 어린잎 한줌, 발사믹식초와 올리브오일, 후춧가루 각 약간씩

1 올리브 쌀포카치아를 가로로 슬라이스한다.
2 200℃로 예열한 오븐에서 4~5분간 굽는다.
3 하단 빵에 부라타치즈를 펴 바르고 슬라이스 햄→마리네이드 토마토→루꼴라를 올린다.
4 발사믹식초와 올리브오일, 후춧가루를 가볍게 뿌리고 상단 빵을 덮는다.
5 먹기 좋은 크기로 잘라 완성한다.

프렌치토스트

by 미니 풀먼 쌀식빵

INGREDIENT

미니 풀먼 쌀식빵 3장 만드는 법 068P 참고

+

달걀물 전란 90g 우유 10g 설탕 5g 소금 세 꼬집
토핑 조각 버터와 메이플시럽

1 달걀물 재료를 모두 섞어 부드러운 달걀물을 만든다.
2 쌀식빵을 약 1.5cm 두께로 자른 뒤, 달걀물에 담가 앞뒤로 각각 5초씩 짧게 적신다.
3 200℃로 예열한 오븐에서 5분간 굽는다.
4 노릇하게 구운 토스트 위에 조각 버터를 올리고 메이플시럽을 뿌린다.
5 취향에 따라 과일을 곁들여도 좋다.

감성쌀브레드

2026년 4월 13일 1쇄 인쇄
2026년 4월 30일 1쇄 발행

베이킹	더날케이크 THENALCAKE
펴낸이	문영애
사진	박영하(여름.夏스튜디오)
디자인	김아름
인쇄/출력	도담프린팅
펴낸곳	수작걸다
주소	경기 용인시 동천로64
이메일	suzakbook@naver.com
인스타그램	@suzakbook

ISBN 978-89-6993-047-7 14590